VisualBasic 程序设计基础
学习指导

张晓芳　主　编
张建国　副主编

科学出版社
北　京

内 容 简 介

本书是《Visual Basic 程序设计基础（含计算机基础）》（科学出版社，阙向红主编）（以下称主教材）的配套教学参考书。全书分两部分，第 1 部分为学习指导和测试，第 2 部分为实验。其中，学习指导和测试的每章和主教材的各章相对应，给出了学习要求，总结了其中的重点难点内容，并对每章所涉及的内容给出了知识点概括和解释。实验部分共 9 个实验，分别与主教材的第 4～11 章相对应。

本书以 Visual Basic.Net 作为应用程序开发的语言，并以 Visual Studio 2010 下的 VB.NET 为平台进行讲解。

本书对主教材中的知识要点做了透彻的分析，例题、习题丰富，实验安排恰当，与主教材配套使用便于学生复习和自学。

本书可作为高等院校非计算机专业的实验教材和辅导用书，也可供工程技术人员和管理人员学习使用。

图书在版编目（CIP）数据

Visual Basic 程序设计基础学习指导/张晓芳主编. —北京：科学出版社，2015

ISBN 978-7-03-045497-3

Ⅰ.①V… Ⅱ.①张… Ⅲ.①BASIC 语言—程序设计—高等学校—教学参考资料 Ⅳ.①TP312

中国版本图书馆 CIP 数据核字（2015）第 194201 号

责任编辑：吴宏伟 赵宝平 / 责任校对：马英菊
责任印制：吕春珉 / 封面设计：艺和天下

科学出版社 出版
北京东黄城根北街 16 号
邮政编码：100717
http://www.sciencep.com

新科印刷有限公司 印刷
科学出版社发行 各地新华书店经销

*

2015 年 9 月第 一 版 开本：787×1092 1/16
2022 年 8 月第六次印刷 印张：18 3/4
字数：445 000

定价：42.00 元
（如有印装质量问题，我社负责调换〈新科〉）

销售部电话 010-62134988 编辑部电话 010-62135120-2005

前言

本书是《Visual Basic 程序设计基础（含计算机基础）》（科学出版社，阙向红主编）（以下简称主教材）的配套教学参考书。本书从培养学生扎实的基础和提高学生的能力两方面入手，目的在于促进学生掌握计算机的基础知识和程序设计的基本方法，提高学生使用计算机和应用程序开发的能力。

本书以 Visual Basic.Net 作为应用程序开发的语言，并以 Visual Studio 2010 下的 VB.NET 为平台进行讲解。

全书分两部分，第 1 部分为学习指导与测试，第 2 部分为实验。

学习指导与测试部分共 11 章，每章包括"知识点搜索树"和"学习要求"板块，并设置了"知识要点""测试题"及"常见错误和重难点分析"章节。

"知识点搜索树"以树状的形式表现教材的知识结构，与普通的知识树不同的是，知识点搜索树标明了知识点在主教材中的页码和知识点在"知识要点"节对应的序号，便于读者快速找到知识点在主教材和"知识要点"节中的位置。

"知识要点"归纳总结了各章应掌握的主要内容。

为了帮助读者巩固学习的效果，特设置了"测试题"一节，测试题涉及主教材的大部分知识点，并在本书的附录中给出了所有测试题的参考答案。

"常见错误和重难点分析"对该章的重难点问题做了较详细和透彻的分析，并总结了初学者在编程过程中常见的错误，可使初学者少走弯路，提高效率。

实验部分共包括 9 个实验。第 1 个实验为 Office 办公软件的应用，其余实验为 Visual Basic.NET（以下简称 VB.NET）编程。认真完成每个实验，就能在较短时间内基本掌握 Visual Basic .NET 2010 及其应用技术。

在本书的测试题和实验题中，题号后无"★"符号的为基本题，题号后有一个"★"的为较难的题，题号后有两个"★"的为难题，读者可以根据实际情况选做相应难度的题目。

本书的第 1 部分由黄晓涛编写第 1 章，张晓芳编写第 2、4、9 章，胡兵编写第 3 章，王芬编写第 5、6 章，阙向红编写第 7、11 章，张建国编写第 8、10 章。本书的第 2 部分由张建国编写实验 1、实验 6、实验 8，张晓芳编写实验 2、实验 7，王芬编写实验 3、实验 4，阙向红编写实验 5、实验 9。

本书的编写得到了华中科技大学网络与计算中心和基础教研室的支持和帮助，在此表示衷心的感谢。

由于编者水平有限，书中难免存在不足之处，恳请广大读者批评指正。

编　者

2015 年 7 月

目录

第1部分

学习指导与测试

1

信息时代与计算机

【知识点搜索树】

章节号　知识点（主教材页码《Visual Basic 程序设计基础（含计算机基础）》（阚向红主编）；P，知识点号：#）

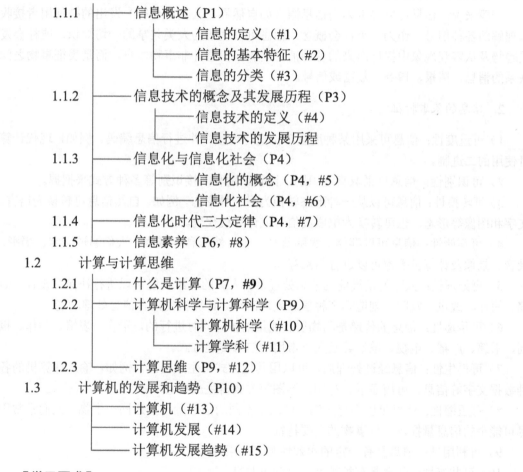

1.1　　信息与信息化
1.1.1　──── 信息概述（P1）
　　　　　　──── 信息的定义（#1）
　　　　　　──── 信息的基本特征（#2）
　　　　　　──── 信息的分类（#3）
1.1.2　──── 信息技术的概念及其发展历程（P3）
　　　　　　──── 信息技术的定义（#4）
　　　　　　──── 信息技术的发展历程
1.1.3　──── 信息化与信息化社会（P4）
　　　　　　──── 信息化的概念（P4，#5）
　　　　　　──── 信息化社会（P4，#6）
1.1.4　──── 信息化时代三大定律（P4，#7）
1.1.5　──── 信息素养（P6，#8）
1.2　　计算与计算思维
1.2.1　──── 什么是计算（P7，**#9**）
1.2.2　──── 计算机科学与计算科学（P9）
　　　　　　──── 计算机科学（#10）
　　　　　　──── 计算学科（#11）
1.2.3　──── 计算思维（P9，#12）
1.3　　计算机的发展和趋势（P10）
　　　　　──── 计算机（#13）
　　　　　──── 计算机发展（#14）
　　　　　──── 计算机发展趋势（#15）

【学习要求】

1. 理解信息与信息化的基本概念。
2. 掌握计算与计算思维的概念及方法。
3. 掌握计算机的发展及发展趋势。
4. 理解信息时代计算机的概念。
5. 了解信息时代的特征和信息素养。

1.1 知 识 要 点

1. 信息的定义

作为日常用语,"信息"经常指音讯、消息、通信系统传输和处理的对象,泛指人类社会传播的一切内容。作为科学技术用语,"信息"被理解为对预先不知道的事件或事物的报道或者在观察中得到的数据、新闻和知识。在一般的意义上,我们可以将信息定义为事物存在的方式和运动状态的表现形式。

一般来说,信息可以界定为由信息源(如自然界、人类社会等)发出的被使用者接收和理解的各种信号。作为一个社会概念,信息可以理解为人类共享的一切知识,或社会发展趋势及从客观现象中提炼出来的各种消息之和。信息并非事物本身,而是表征事物之间联系的消息、情报、指令、数据或信号。

2. 信息的基本特征

1)可量度性:信息可采用某种度量单位进行度量,并进行信息编码。例如,现代计算机使用的二进制。

2)可识别性:信息可采取直观识别、比较识别和间接识别等多种方式来把握。

3)可转换性:信息可以从一种形态转换为另一种形态。例如,自然信息可转换为语言、文字和图像等形态,也可转换为电磁波信号或计算机代码。

4)可存储性:信息可以存储。大脑就是一个天然信息存储器。人们通过文字、摄影、录音、录像及计算机等都可以进行信息存储。

5)可处理性:人脑就是最佳的信息处理器。人脑的思维功能可以进行决策、设计、研究、写作、改进、发明、创造等多种信息处理活动。计算机也具有信息处理功能。

6)可传递性:信息的传递是与物质、能量的传递同时进行的。语言、表情、动作、报刊、书籍、广播、电视、电话等是人类常用的信息传递方式。

7)可再生性:信息经过处理后,可以用其他方式再生成信息。例如,输入计算机的各种数据文字等信息,可用显示、打印、绘图等方式再生成信息。

8)可压缩性:信息可以进行压缩,可以用不同的信息量来描述同一事物。人们常常用尽可能少的信息量描述一件事物的主要特征。

9)可利用性:信息具有一定的实效性和可利用性。

10)可共享性:信息具有扩散性,因此可共享。

3. 信息的分类

1)按照其重要性程度可分为战略信息、战术信息和作业信息。

2)按照其应用领域可分为管理信息、社会信息、科技信息和军事信息。

3)按照信息的加工顺序可分为一次信息、二次信息和三次信息等。

4）按照信息的反映形式可分为数字信息、图像信息和声音信息等。

5）按照信息的性质可分为定性信息和定量信息。

4. 信息技术

信息技术（Information Technology）是指有关信息的收集、识别、提取、变换、存储、传递、处理、检索、检测、分析和利用等的技术。概括而言，信息技术是在信息科学的基本原理和方法的指导下扩展人类信息功能的技术，是人类开发和利用信息资源的所有手段的总和，是主要用于管理和处理信息所采用的各种技术的总称。信息技术主要应用计算机科学和通信技术来设计、开发、安装和实施信息系统及应用软件，因此常被称为信息和通信技术（Information and Communications Technology，ICT）。信息技术的核心技术主要包括传感技术、计算机技术、通信技术和控制技术。

在人类的发展史上，信息技术经历了五个发展阶段，即五次革命。

第一次信息技术革命是语言的使用，距今 35000～50000 年前出现了语言。语言成为人类进行思想交流和信息传播不可缺少的工具。

第二次信息技术革命是文字的创造，大约在公元前 3500 年出现了文字。文字的出现，使人类对信息的保存和传播取得重大突破，较大地超越了时间和地域的局限。

第三次信息技术革命是印刷术的发明和使用，大约在公元 1040 年，我国开始使用活字印刷术，欧洲人则在 1451 年开始使用印刷术。印刷术的发明和使用，使书籍、报刊成为重要的信息存储和传播的媒体。

第四次信息技术革命是电报、电话、广播和电视的发明和普及应用，使人类进入利用电磁波传播信息的时代。

第五次信息技术革命是电子计算机的普及应用、计算机与现代通信技术的有机结合及网络的出现。1946 年第一台电子计算机问世，第五次信息技术革命的时间是从 20 世纪 60 年代电子计算机与现代技术相结合开始至今。

5. 信息化

信息化是指充分利用信息技术，开发、利用信息资源，促进信息交流和知识共享，提高经济增长质量，推动经济社会发展转型的历史进程。作为对发展状况的一种描述，信息化是指一个地理区域、经济体或社会不断发展以信息为基础（或者说，基于信息）的程度，也就是说其在信息劳动力规模方面的提升程度。

6. 信息化社会

信息化社会也称信息社会，是脱离工业化社会以后，信息起主要作用的社会。在信息社会中，信息成为比物质和能源更为重要的资源，以开发和利用信息资源为目的信息经济活动迅速扩大，逐渐取代工业生产活动而成为国民经济活动的主要内容。

7. 信息化时代三大定律

第一定律：摩尔定律，其内容是微处理器的速度每 18 个月翻一番。这个定律的核心思想是计算机功能成倍增长，而价格随之减半。

第二定律：吉尔德定律，即在未来 25 年，主干网的带宽每 6 个月增加 1 倍，其增长速度是摩尔定律预测的 CPU 增长速度的 3 倍。这说明通信费用的发展趋势将呈现"渐进下降曲线"的规律。其价格点将无限趋近于零。

根据吉尔德的观点，随着科技的不断发展，一些原本价格高昂的技术和产品会变得越来越便宜，直至完全免费，并且由于价格的下降，这些技术和产品将会变得无处不在，充分利用这些技术和产品可以为人们带来更为可观的效益。

第三定律：麦特卡尔夫定律，即网络的价值同网络用户数量的平方成正比，也就是说，N 个连接创造出 N×N 的效益。该定律的提出者麦特卡尔夫是以太网协议技术的发明者和 3COM 公司的奠基人。该定律的核心寓意就是互联网时代的来临。

8. 信息素养

信息素养主要包括以下 4 个方面。

1）信息意识：即人的信息敏感程度，是人们对自然界和社会的各种现象、行为、理论观点等，从信息角度的理解、感受和评价。通俗地讲，面对不懂的东西，能积极主动地去寻找答案，并知道到哪里，用什么方法去寻求答案，这就是信息意识。

2）信息知识：既是信息科学技术的理论基础，又是学习信息技术的基本要求。通过掌握信息技术的知识，才能更好地理解与应用它。它不仅体现着人们所具有的信息知识的丰富程度，而且制约着人们对信息知识的进一步掌握。

3）信息能力：包括信息系统的基本操作能力，信息的采集、传输、加工处理和应用的能力，以及对信息系统与信息进行评价的能力等。这也是信息时代重要的生存能力。

4）信息道德：培养学生具有正确的信息伦理道德修养，要让学生学会对媒体信息进行判断和选择，自觉地选择对学习、生活有用的内容，自觉抵制不健康的内容，不组织和参与非法活动，不利用计算机网络从事危害他人信息系统和网络安全、侵犯他人合法权益的活动。

9. 计算

计算在汉语词语中，有"核算数目，根据已知量算出未知量；运算"和"考虑，谋虑"两种含义。

计算不仅是数学的基础技能，而且是整个自然科学的工具。在学校学习时，学生必须掌握计算这一工具；在科研中，研究人员必须运用计算攻关完成课题研究；在国民经济中，计算机及电子等行业取得的突破性进展都建立在数学计算的基础上。

广义的计算不仅包括数学计算、逻辑推理、文法的产生式、集合论的函数、组合数学的置换、变量代换、图形图像的变换、数理统计等；还包括人工智能解空间的遍历、问题求解、图论的路径问题、网络安全、代数系统理论、上下文表示感知与推理、智能空间等；甚至包括数字系统设计（如逻辑代数）、软件程序设计（文法）、机器人设计、建筑设计等设计问题。

图灵从计算一个数的一般过程入手对计算的本质进行了研究，从而认识了计算本质。

图灵用形式化方法成功地表述了计算过程的本质，所谓计算就是计算者（人或机器）对一条两端可无限延长的纸带上的一串 0 和 1 执行指令，通过一步一步地改变纸带上的 0 或 1，经过有限个步骤，最后得到一个满足预先规定的符号串的变换过程。图灵机反映的是一种具有可行性的用数学方法精确定义的计算模型，而现代计算机正是这种模型的具体实现。

计算科学是对描述和变换信息的算法过程进行的系统研究，包括理论、分析、设计、效率分析、实现和应用的系统的研究。计算科学来源于对算法理论、数理逻辑、计算模型、自动计算机器的研究，与存储式电子计算机的发明一起形成于 20 世纪 40 年代初期。现在，计算已成为继理论、实验之后的第三种科学形态和科学方法。

10. 计算机科学

计算机科学是研究计算机和可计算系统的理论方面的学科，包括软件、硬件等计算系统的设计和建造，发现并提出新的问题求解策略、新的问题求解算法，在硬件、软件、互联网等方面发现并设计使用计算机的新方式和新方法等。简单而言，计算机科学围绕着"构造各种计算系统"和"应用各种计算系统"进行研究。

11. 计算学科

1989 年 ACM 和 IEEE-CS 联合攻关组在《计算作为一门学科》报告中指出：计算学科是对描述和变换信息的算法过程进行的系统研究，包括理论、分析、设计、效率、实现和应用等。该报告第一次给了计算学科一个透彻的定义，给出了计算学科二维定义矩阵的概念，完成了计算学科的"存在性"证明；并将当时的计算机科学、计算机工程、计算机科学和工程、计算机信息学及其他类似名称的专业及其研究范畴统称为计算学科。在计算教育史上具有里程碑的意义。

计算学科的实质是学科方法论的思想，其关键问题是抽象、理论和设计 3 个过程相互作用的问题。其中，理论是数学科学的根本；抽象（模型化）是自然科学的根本，设计是工程的根本。

这 3 个过程是紧密地交织在一起的，抽象和设计阶段出现了理论，理论和设计阶段需要模型化，而理论和抽象阶段始终离不开设计。它们也代表了不同的能力领域，理论关心的是揭示和证明对象之间相互关系的能力；抽象关心的是应用这些关系去做出对现实世界的预言的能力；而设计则关心这些关系的某些特定的实现，并应用它们去完成有用的任务。

12. 计算思维

计算思维是运用计算机科学的基础概念进行问题求解、系统设计及人类行为理解等涵盖了计算机科学的一系列思维活动。其具体含义如下：

1）通过约简、嵌入、转化和仿真等方法，把一个看来困难的问题重新阐释成一个对已知问题怎样解决的思维方法。

2）一种递归思维，一种并行处理，一种既能把代码译成数据又能把数据译成代码的多维分析推广的类型检查方法。

3）一种采用抽象和分解来控制庞杂的任务，或进行巨大复杂系统设计的方法，是基于关注点分离的方法（SoC 方法）。

4）一种选择合适的方式去陈述一个问题，或对一个问题的相关方面建模使其易于处理的思维方法。

5）按照预防、保护及通过冗余、容错、纠错的方式，从最坏情况进行系统恢复的一种思维方法。

6）利用启发式推理寻求解答，即在不确定情况下的规划、学习和调度的思维方法。

7）利用海量数据来加快计算，在时间和空间之间及处理能力和存储容量之间进行折中的思维方法。

13. 计算机

计算机（Computer）俗称电脑，是一种用于高速计算的电子计算机器，既可以进行数值计算，又可以进行逻辑计算，还具有存储记忆功能。它是能够按照程序运行，自动、高速处理海量数据的现代化智能电子设备。计算机由硬件系统和软件系统组成，没有安装任何软件的计算机称为裸机。计算机可分为超级计算机、工业控制计算机、网络计算机、个人计算机、嵌入式计算机五类，较先进的计算机有生物计算机、光子计算机、量子计算机等。

14. 计算机发展史

第一代计算机（1946～1958 年）以 1946 年 ENIAC 的研制成功为标志。这个时期的计算机都建立在电子管基础上，笨重且产生热量多，容易损坏；存储设备比较落后，最初使用延迟线和静电存储器，容量很小，后来采用磁鼓（磁鼓在读/写臂下旋转，当被访问的存储器单元旋转到读/写臂下时，数据被从这个单元中读出或写入这个单元），相较于最初使用的延迟线和静电存储器有了很大改进；输入设备是读卡机，可以读取穿孔卡片上的孔；输出设备是穿孔卡片机和行式打印机，速度很慢。在这个时代将要结束时，出现了磁带驱动器（磁带是顺序存储设备，也就是说，必须按线性顺序访问磁带上的数据），它比读卡机快得多。

第二代计算机（1959～1964 年）以 1959 年美国菲尔克公司研制成功的第一台大型通用晶体管计算机为标志。这个时期的计算机用晶体管取代了电子管，晶体管具有体积小、质量轻、发热少、耗电省、速度快、价格低、使用寿命长等一系列优点，使计算机的结构与性能都发生了很大改变。

第三代计算机（1965～1970 年）以 IBM 公司研制成功的 360 系列计算机为标志。在第二代计算机中，晶体管和其他元件都手工集成在印制电路板上，第三代计算机的特征是集成电路。所谓集成电路是将大量的晶体管和电子线路组合在一块硅片上，故又称其为芯片。制造芯片的原材料相当便宜，硅是地壳里含量第二的常见元素，是海滩沙石的主要成分，因此采用硅材料的计算机芯片可以廉价地批量生产。

第四代计算机（1971 至今）以 Intel 公司研制的第一代微处理器 Intel 4004 为标志。这个时期的计算机最为显著的特征是使用了大规模集成电路和超大规模集成电路。所谓微处理器是将 CPU 集成在一块芯片上，微处理器的发明使计算机在外观、处理能力、价格及实用性等方面发生了深刻的变化。第四代计算机要属微型计算机最为引人注目，微型计算机的诞生是超大规模集成电路应用的直接结果。

15. 计算机发展趋势

（1）高性能计算：无所不能的计算

高性能计算（High Performance Computing，HPC）指通常使用很多处理器（作为单个机器的一部分）或者某一集群中组织的几台计算机（作为单个计算资源操作）的计算系统和环境。高性能计算是计算机科学的一个分支，主要是指从体系结构、并行算法和软件开发等方面研究开发高性能计算机的技术。

（2）普适计算：无所不在的计算

普适计算（Pervasive Computing 或 Ubiquitous Computing）又称普存计算、普及计算。这一概念强调和环境融为一体的计算，而计算机本身则从人们的视线里消失。在普适计算的模式下，人们能够在任何时间、任何地点以任何方式进行信息的获取与处理。普适计算的核心思想是小型、便宜、网络化的处理设备广泛分布在日常生活的各个场所，计算设备将不只依赖命令行、图形界面进行人机交互，而更依赖"自然"的交互方式，计算设备的尺寸将缩小到毫米甚至纳米级。

（3）服务计算与云计算：万事皆服务的计算

服务计算是跨越计算机与信息技术、商业管理、商业质询服务等领域的一个新的学科，是应用面向服务架构技术在消除商业服务与信息支撑技术之间的横沟方面的直接产物。它在形成自己独特的科学与技术体系的基础上有机整合了一系列最新技术成果，如 SOA（Service Oriented Architecture，面向服务的体系架构）及 Web 服务、网格/效用计算（Grid & Utility Computing）以及业务流程整合及管理（Business Process Integration & Management）。

云计算（Cloud Computing）基于互联网的相关服务的增加、使用和交付模式，通常涉及通过互联网来提供动态易扩展且经常是虚拟化的资源。"云"是网络、互联网的一种比喻说法。过去在图中往往用"云"来表示电信网，后来也用来表示互联网和底层基础设施的抽象。云计算甚至可以让用户体验每秒 10 万亿次的运算能力，拥有这么强大的计算能力可以模拟核爆炸、预测气候变化和市场发展趋势。用户通过计算机、手机等方式接入数据中心，按自己的需求进行运算。

（4）智能计算：越来越聪明的计算

智能计算只是一种经验化的计算机思考性程序，是人工智能化体系的一个分支，是辅助人类去处理各种问题的具有独立思考能力的系统。系统的智能性不断增强，由计算机自动和委托完成的任务的复杂性在不断增加。智能计算已经完全投入到工业生产与生活之中。

（5）大数据：无处不在的数据思维

数据已经渗透到当今每一个行业和业务职能领域，成为重要的生产因素。人们对于海量数据的挖掘和运用，预示着新一波生产率增长和消费者盈余浪潮的到来。大数据在物理学、生物学、环境生态学等领域及军事、金融、通信等行业存在已经有一段时间了，近年来因为互联网和信息行业的发展而引起人们的注意。大数据是云计算、物联网之后 IT 行业又一大颠覆性的技术革命。

（6）未来互联网与智慧地球：无处不在的互联网思维

在社会发展中，一些意义深远的事情正在发生：每个人、公司、组织、城市、国家、自然系统和社会系统正在实现更透彻的感应和度量、更全面的互联互通，在此基础上我们获得了更智能的洞察力。由于技术的进步，世界变得更小了，变得更加"扁平"，也变得更加"智慧"。智慧地球指出人类历史上第一次出现了几乎任何东西都可以实现数字化和互联的现实，通过越来越多的低成本新技术和网络服务，在未来所有的物品上都有可能安装并应用智能技术，进而向整个社会提供更加智能化的服务，从而为社会发展和经济进步提出了一条全新的发展思路。

1.2 测 试 题

一、单选题

1．目前使用的计算机被认为是第四代，它所使用的电子元件是（　　）。

A．电子管　　　　B．晶体管　　　　C．集成电路　　　　D．大规模集成电路

2．计算机的"代"是按照制造机器的电子元件进行划分的，第三代计算机使用的是（　　）。

A．电子管　　　　B．晶体管　　　　C．集成电路　　　　D．大规模集成电路

3．计算思维的本质是对求解问题的抽象和实现问题处理的（　　）。

A．高速度　　　　B．自动化　　　　C．高精度　　　　D．以上都是

4．计算机文化是指能够理解计算机是什么，以及它如何被当作（　　）使用的。

A．工具　　　　B．娱乐设备　　　　C．资源　　　　D．通信设备

5．采用数据处理机的黑盒模型描述计算机原理，认为输入相同的数据后，（　　）。

A．得到相同的输出数据　　　　　　B．能得到不同的输结果

C．输出结果是不确定的　　　　　　D．以上都可能出现

二、填空题

1．运用计算机科学的基础概念和知识进行问题求解、系统设计及人类行为理解等一系列思维活动被称为_____。

2．信息时代也产生了三大定律，即_____。

3．计算机文化是指能够理解是什么及它是如何作为_____被使用的。

4．摩尔定律的核心思想是_____。

5．从宏观上，人们一般把信息分为_____。

三、简答题

1. 信息技术的发展历程主要包含几个阶段（革命）？
2. 信息素养主要包含哪几个方面？
3. 简述信息化时代的三大定律。
4. 简述计算思维的具体含义。
5. 简述计算机的发展趋势。

2 计算机系统概述

【知识点搜索树】

章节号　知识点（主教材页码：P；知识点号：#）

2.1　　计算机的硬件组成
　　　　└──计算机系统的组成（P25，#1）
　　　　　　├──计算机硬件系统（#2）
　　　　　　└──计算机软件系统（#3）
2.1.1　　└──计算机的逻辑结构及工作原理（P25）
　　　　　　├──计算机的工作过程（#4）
　　　　　　└──冯·诺伊曼原理（#5）
2.1.2　　└──计算机的性能指标（P27，#6）
　　　　　　├──字长
　　　　　　├──内存容量
　　　　　　├──主频
　　　　　　├──存取周期
　　　　　　└──外设配置
2.1.3　　└──个人计算机的主要部件（P28）
　　　　　　├──主板（#7）
　　　　　　├──CPU（#8）
　　　　　　│　　├──运算器
　　　　　　│　　├──控制器
　　　　　　│　　└──寄存器
　　　　　　├──存储设备（#9）
　　　　　　│　　├──内存储器（#10）
　　　　　　│　　│　　├──只读存储器（#11）
　　　　　　│　　│　　└──随机存储器（#12）
　　　　　　│　　├──高速缓冲存储器（#13）
　　　　　　│　　└──外存储器（#14）
　　　　　　└──基本输入输出设备（P30）
　　　　　　　　├──输入设备（#15）
　　　　　　　　└──输出设备（#16）

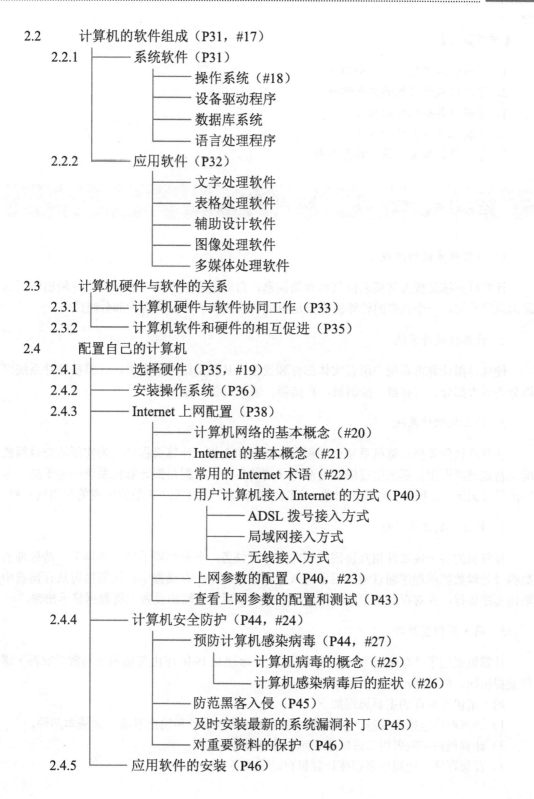

2.2　　　计算机的软件组成（P31，#17）
　2.2.1　———　系统软件（P31）
　　　　　　　　　操作系统（#18）
　　　　　　　　　设备驱动程序
　　　　　　　　　数据库系统
　　　　　　　　　语言处理程序
　2.2.2　———　应用软件（P32）
　　　　　　　　　文字处理软件
　　　　　　　　　表格处理软件
　　　　　　　　　辅助设计软件
　　　　　　　　　图像处理软件
　　　　　　　　　多媒体处理软件
2.3　　　计算机硬件与软件的关系
　2.3.1　———　计算机硬件与软件协同工作（P33）
　2.3.2　———　计算机软件和硬件的相互促进（P35）
2.4　　　配置自己的计算机
　2.4.1　———　选择硬件（P35，#19）
　2.4.2　———　安装操作系统（P36）
　2.4.3　———　Internet 上网配置（P38）
　　　　　　　　　计算机网络的基本概念（#20）
　　　　　　　　　Internet 的基本概念（#21）
　　　　　　　　　常用的 Internet 术语（#22）
　　　　　　　　　用户计算机接入 Internet 的方式（P40）
　　　　　　　　　　　　ADSL 拨号接入方式
　　　　　　　　　　　　局域网接入方式
　　　　　　　　　　　　无线接入方式
　　　　　　　　　上网参数的配置（P40，#23）
　　　　　　　　　查看上网参数的配置和测试（P43）
　2.4.4　———　计算机安全防护（P44，#24）
　　　　　　　　　预防计算机感染病毒（P44，#27）
　　　　　　　　　　　　计算机病毒的概念（#25）
　　　　　　　　　　　　计算机感染病毒后的症状（#26）
　　　　　　　　　防范黑客入侵（P45）
　　　　　　　　　及时安装最新的系统漏洞补丁（P45）
　　　　　　　　　对重要资料的保护（P46）
　2.4.5　———　应用软件的安装（P46）

【学习要求】

1. 了解计算机的逻辑结构与工作原理。
2. 了解组成计算机的主要部件。
3. 了解计算机软件的组成。
4. 掌握配置计算机的方法。
5. 掌握计算机安全防护的基本知识。

2.1　知 识 要 点

1. 计算机系统的组成

计算机系统是按人的要求接收和存储信息，自动进行数据处理和计算，并输出结果信息的机器系统。一个完整的计算机系统是由硬件系统和软件系统两大部分组成。

2. 计算机硬件系统

硬件是指计算机系统中所有实体部件和设备。从基本结构上来讲，计算机硬件系统可以分为五大部分：运算器、控制器、存储器、输入设备、输出设备。

3. 计算机软件系统

计算机软件是指计算机系统中的程序、数据和文档。计算机程序是为实现特定目标或解决特定问题而用计算机语言编写的命令序列的集合。数据是指计算机系统中用于描述事物的符号记录，是程序所处理的对象。文档是为了便于了解程序和数据所需的阐明性资料。

4. 计算机的工作过程

计算机的各个硬部件相互协同共同完成计算任务：在控制器的统一协调下，待处理的数据及处理数据的程序通过输入设备进入计算机，存储在存储器中；运算器再从存储器中取出程序运行，并对存储器中的数据进行处理；最后，在输出设备上将数据显示出来。

5. 冯·诺伊曼原理

计算机采用了"存储程序"工作原理。这一原理是 1946 年由美籍匈牙利数学家冯·诺伊曼提出的，故称为冯·诺伊曼原理。

冯·诺伊曼原理的主要思想如下：

1）计算机应包括运算器、控制器、存储器、输入设备和输出设备五大基本部件。
2）计算机内部应采用二进制来表示指令和数据。
3）存储程序，让程序来指挥计算机自动完成各种工作。

6. 计算机的性能指标

1）字长：是指计算机的运算部件一次能直接处理的二进制数据的位数。

2）内存容量：是指内存储器能够存储信息的数量，以字节为单位。

3）主频：是指中央处理器的时钟频率。计算机的运算速度主要由 CPU 的主频决定。

4）存取周期：是指存储器连续两次读/写所需的最短时间。存取周期是反映内存储器性能的一项重要技术指标，直接影响计算机的速度。

5）外设配置：是指计算机的输入/输出设备及外存储器等的配置情况。

7. 主板

主板安装在机箱内，是计算机的基本部件之一。主板一般为矩形电路板，上面安装了组成计算机的主要电路系统，一般有 BIOS 芯片、I/O 控制芯片、键和面板控制开关接口、指示灯插接件、扩充插槽、主板及插卡的直流电源供电接插件等元件。

主板能提供一系列接合点，供处理器、显卡、声效卡、硬盘、存储器、对外设备等设备接合。它们通常直接插入有关插槽，或用线路连接。

8. CPU

CPU（Central Processing Unit）即中央处理器或中央处理单元。CPU 是一块超大规模的集成电路，是计算机的运算核心和控制核心。CPU 的功能主要是解释计算机指令及处理计算机软件中的数据。

CPU 包括运算器和控制器两大部件。此外还包括若干寄存器、高速缓冲存储器和总线。

1）运算器（Arithmetic and Logic Unit，ALU）的功能是完成各种算术运算和逻辑运算。

2）控制器（Control Unit，CU）用于控制计算机的各个部件协调工作。

3）寄存器是 CPU 内部的存储设备，是有限存储容量的高速存储部件，可用于指令、数据和地址的缓存。

9. 存储设备

存储器是用来存储程序和数据的计算机部件，计算机有存储器，才会有记忆功能，才能正常工作。计算机系统通常配备分层结构的存储器系统，以满足容量、速度和价格等方面的要求。存储器主要分为主存储器、外存储器和高速缓冲存储器。

10. 内存储器

内存储器（简称内存）也称为主存储器（简称主存），是 CPU 能直接寻址的存储空间，用于存放计算机将要执行的程序和数据。

内存是暂时存储程序和数据的地方，例如，在使用 Word 处理文稿时，当在键盘上敲入字符时，它就被存入内存中，当执行存盘操作时，内存中的数据才会被存入硬（磁）盘。

内存包括随机存储器（RAM）和只读存储器（ROM）两种。一般所说的主存容量是指随机存储器的容量。

11. 只读存储器

只读存储器（Read Only Memory，ROM）中所存数据是装入整机前事先写好的，整机工作过程中只能读出，不能改写。ROM 所存数据在断电后不会消失，因此常用于存储各种固定程序和数据，如 BIOS 程序等。

12. 随机存储器

随机存储器（Random Access Memory，RAM）是计算机工作的存储区，一切要执行的程序和数据都要先装入该存储器内。随机读/写的含义是指既能读数据，也可以往里写数据。

RAM 中的信息会随着计算机的断电自然消失，所以说 RAM 是计算机处理数据的临时存储区。要想使数据长期保存起来，必须将数据保存在外存中。

13. 高速缓冲存储器

高速缓冲存储器（Cache）是介于内存和 CPU 之间的高速小容量存储器，可以放在 CPU 内部或外部。Cache 的存/取速度高于内存，把正在执行的指令地址附近的一部分指令或者数据从内存调入高速缓冲存储器，供 CPU 在一段时间内使用，这样就能相对提高 CPU 的运算速度。

14. 外存储器

外存储器（简称外存）也称为辅助存储器（简称辅存），是内存的延伸，其主要作用是长期存放计算机工作所需要的系统文件、应用程序、用户程序、文档、数据等。当 CPU 需要执行某部分程序和数据时，由外存调入内存以供 CPU 访问。

目前最常用的外存有硬盘（可移动硬盘）、光盘、移动存储器（U 盘）等。

15. 输入设备

输入设备是向计算机输入数据和信息的设备。输入设备是用户和计算机系统之间进行信息交换的主要装置之一。

键盘、鼠标、摄像头、扫描仪、光笔、手写输入板、游戏杆、语音输入装置等都属于输入设备。

16. 输出设备

输出设备用于数据的输出，是人与计算机交互的一种部件。它把各种计算结果数据或信息以数字、字符、图像、声音等形式表示出来。

常见的输出设备有显示器、打印机、绘图仪、影像输出系统、语音输出系统、磁记录设备等。

17. 计算机的软件组成

根据软件的功能、使用范围、在计算机系统中所处的地位，可以将软件分为系统软件和应用软件。

（1）系统软件

系统软件是指控制和协调计算机及外部设备，支持应用软件开发和运行的系统，是无需用户干预的各种程序的集合，主要功能是调度、监控和维护计算机系统；负责管理计算机系统中各种独立的硬件，使它们可以协调工作。系统软件使得计算机使用者和其他软件将计算机当作一个整体而不需要顾及底层每个硬件是如何工作的。

（2）应用软件

应用软件是为满足用户不同领域、不同问题的应用需求而提供的软件，是用各种程序设计语言编制的应用程序的集合。应用软件可以拓宽计算机系统的应用领域，放大硬件的功能。

18. 操作系统

操作系统是计算机系统中的一个系统软件。操作系统能有效地组织和管理计算机系统中的硬件及软件资源，合理地组织计算机工作流程，控制程序的执行，并向用户提供各种服务功能，使得用户能够灵活、方便和有效地使用计算机，使整个计算机系统能高效地运行。

操作系统的主要任务是管理计算机系统的软硬件资源。从资源管理角度而言，操作系统的功能如下。

（1）处理器管理

处理器管理的主要任务是对处理器进行分配，并且对其运行进行有效的控制和管理。处理器管理的内容包括进程控制、进程同步、进程通信、进程调度等。

（2）存储管理

存储管理的主要任务是为多道程序的运行提供良好的内存环境，方便用户使用内存，提高内存的利用率，并且能从逻辑上扩充内存。

（3）设备管理

设备管理的主要任务是完成用户提出的 I/O 请求，为用户分配 I/O 设备，提高 CPU 与 I/O 设备的利用率，提高 I/O 设备的运行速度，方便用户使用 I/O 设备。

（4）软件资源管理

软件资源管理（即文件系统）的主要任务是对用户文件和系统文件进行管理，方便用户使用，并且保证文件的安全性。

19. 选择硬件

选择硬件是指选择构成计算机的各种硬部件的类型、型号等，主要需要选择的硬件包括：

1）CPU 的型号。

2）内存的类型与容量。

3）硬盘的类型与容量。

4）显示器的尺寸与分辨率。

5）声卡、显卡、以太网卡的型号。

20. 计算机网络的基础概念

计算机网络是把分布在不同地点且具有独立功能的多个计算机系统通过通信设备和线路连接起来，在功能完善的软件和协议的管理下实现资源共享与信息传递的系统。

21. Internet 的基本概念

Internet 译为因特网，是由位于世界各地的成千上万的计算机相互连接在一起形成的可以相互通信的计算机网络系统。Internet 是全球最大的、最有影响力的计算机信息资源网。

22. 常用的 Internet 术语

（1）协议

协议是指计算机在网络中实现通信时必须遵守的约定。

（2）TCP/IP 协议

TCP/IP 协议是 Internet 最基本的协议，也是 Internet 互联网络的基础。TCP/IP 协议由网络层的 IP 协议和传输层的 TCP 协议组成。TCP/IP 协议定义了电子设备如何连入 Internet，以及数据如何在它们之间传输的标准。

（3）IP 地址

IP 地址是指互联网协议地址。IP 地址是 IP 协议提供的一种统一的地址格式，为互联网上的每一个网络和每一台主机分配一个逻辑地址，以此来屏蔽物理地址的差异。

（4）子网掩码

子网掩码是一种用来指明一个 IP 地址的哪些位标示的是主机所在的子网以及哪些位标示的是主机的位掩码。

（5）网关和网关地址

网关是一个网络连接到另一个网络的"关口"。

网关地址对于每个网络也是唯一的，由网络管理员负责在路由器或交换机上设置。计算机 IP 地址必须与网关地址在同一个网段。

（6）域名和域名系统

域名是与 IP 地址相对应的一串容易记忆的字符，是由一串用点分隔的名称组成的 Internet 上某一台计算机或计算机组的名称。

域名系统是 Internet 的一项核心服务，它作为可以将域名和 IP 地址相互映射的一个分布式数据库，能够使人更方便地访问互联网，而不用去记住能够被机器直接读取的 IP 数串。

（7）超文本传输协议

超文本传输协议（HTTP）是 WWW 浏览器和 WWW 服务器之间的应用层通信协议，用于传输超文本标记语言（HTML）编写的文件，也就是通常所说的网页，通过这个协议可以浏览网络上的各种信息。

23. 上网参数的配置

上网参数的配置主要包括配置 IP 地址、子网掩码、默认网关、DNS 服务器等。

24. 计算机安全防护

计算机安全防护是指保护计算机的硬件、软件和数据，不因偶然和恶意的原因而遭到破坏、更改和泄露，使系统连续正常地运行。

计算机安全防护的主要手段包括：

1）安装杀病毒软件，预防计算机病毒。

2）安装设置防火墙，防范黑客入侵。

3）及时安装最新的系统漏洞补丁程序。

4）对重要资料的保护。

25. 计算机病毒的概念

计算机病毒是指单独或者在计算机程序中插入的破坏计算机功能或者损坏数据、影响计算机使用且能自我复制的一组计算机指令或者程序代码。

26. 计算机感染病毒后的症状

计算机感染病毒后的主要症状有：启动或运行速度减慢，文件大小、日期发生变化，死机现象增多，莫名其妙地丢失文件，磁盘空间不应有的减少，有规律地出现异常信息，自动生成一些特殊文件，无缘无故地出现打印故障等。

27. 预防计算机感染病毒

通过安装杀毒软件，并经常更新计算机病毒库，定期对计算机进行查杀病毒的操作，可以有效地防止计算机感染病毒。

2.2　测　试　题

一、单选题

1. 我们可以定义计算机系统是指计算机的所有资源，它包括了计算机硬件及（　　）。

　　A．外部设备　　　　B．系统软件　　　　C．应用软件　　　　D．B 和 C

2. 根据冯·诺依曼 1946 年提出的计算机的存储程序原理而设计了现代的计算机。下面说法正确的是（　　）。

　　A．要求计算机完成的功能，必须事先编制好相应的程序，并输入存储器内

　　B．要求计算机完成的功能，无须事先编制好相应的程序，计算机会主动执行任务

　　C．巨型计算机可以采用智能化的方法进行工作，无需事先编制程序

D．微型计算机不是冯·诺依曼结构的计算机

3．计算机指令系统是指（　　　）。

    A．计算机指令的集合

    B．计算机所有指令的序列

    C．一种高级语言语句集合

    D．计算机指令、汇编语言或高级语言语句序列

4．在计算机内部，所有信息的存储形式是（　　　）。

    A．字符　　　　　　B．二进制码　　　　C．BCD 码　　　　D．ASCII 码

5．32 位微处理器中的 32 表示的技术指标是（　　　）。

    A．字节　　　　　　B．容量　　　　　　C．字长　　　　　D．二进制位

6．计算机的最小信息单位是（　　　）。

    A．B　　　　　　　 B．bit　　　　　　 C．KB　　　　　　D．GB

7．目前个人计算机使用集成主板，在主板上除了处理器、内存，还有连接（　　　）的端口和控制电路。

    A．键盘　　　　　　B．显示器　　　　　C．打印机　　　　D．外部设备

8．运算器是执行运算的部件，运算类型包括算术运算和（　　　）运算。

    A．二进制　　　　　B．八进制　　　　　C．逻辑　　　　　D．数值

9．计算机系统中的存储器系统的任务是（　　　）和参与运行程序。

    A．存储数据和程序　　　　　　　　　　B．存储程序

    C．存储数据　　　　　　　　　　　　　D．输入/输出数据

10．计算机的内存储器比外存储器（　　　）。

    A．更便宜　　　　　B．存取速度更快　　C．容量大　　　　D．体积大

11．一旦断电，数据就会丢失的存储器是（　　　）。

    A．ROM　　　　　　B．RAM　　　　　　C．硬盘　　　　　D．U 盘

12．CPU 不能直接访问的存储器是（　　　）。

    A．寄存器　　　　　B．内存　　　　　　C．高速缓存　　　D．CD-ROM

13．微型计算机内存容量的基本单位是（　　　）。

    A．字符　　　　　　B．字节　　　　　　C．二进制位　　　D．扇区

14．下列设备属于计算机输出设备的是（　　　）。

    A．光笔　　　　　　B．打印机　　　　　C．键盘　　　　　D．鼠标

15．操作系统是一种（　　　）。

    A．应用软件　　　　B．实用软件　　　　C．系统软件　　　D．编译软件

16．操作系统是（　　　）的接口。

    A．用户和软件　　　　　　　　　　　　B．系统软件和应用软件

    C．主机和外设　　　　　　　　　　　　D．用户和计算机

17．下列软件中不属于应用软件的是（　　　）。

    A．人事管理系统　　　　　　　　　　　B．工资管理系统

    C．物资管理系统　　　　　　　　　　　D．编译程序

18. Internet 是一个庞大的计算机互联形成的网络，构建 Internet 的主要目的是（　　　）。

    A．各种通信　　　　B．提高上网速度　　C．资源共享　　　　D．电子邮件

19. 为网络数据交换而制定的规则、约定和标准称为（　　　）。

    A．体系结构　　　　B．协议　　　　　　C．网络拓扑　　　　D．模型

20. 计算机病毒是一种（　　　）。

    A．类似于微生物的能够在计算机内生存的数据

    B．在计算机中的属于医学生物病毒

    C．具有破坏性、潜伏性、传染性的计算机程序，因类似于医学中的病毒而得名

    D．是计算机的一种文件类型，但具有破坏性和潜伏性、传染性

21. 目前常用的保护计算机网络安全的技术性措施是（　　　）。

    A．防火墙　　　　　　　　　　　　B．防风墙

    C．KV3000 杀毒软件　　　　　　　D．使用 Java 程序

22. 我们平时所说的"数据备份"中的数据包括（　　　）。

    A．内存中的各种数据

    B．各种程序文件和数据文件

    C．存放在 CD-ROM 上的数据

    D．内存中的各种数据、程序文件和数据文件

二、填空题

1. 1B 指的是＿＿＿＿＿＿＿bit，1KB 指的是＿＿＿＿＿＿＿ B。

2. 组成计算机硬件系统的五大部件是＿＿＿＿＿＿、＿＿＿＿＿＿、＿＿＿＿＿＿、＿＿＿＿＿＿和输出设备。

3. CPU 通过＿＿＿＿＿＿＿与外部设备交换信息。

4. 计算机的软件系统一般分为系统软件和＿＿＿＿＿＿＿两大部分。

5. 系统软件通常包括操作系统、数据库系统、设备驱动程序和＿＿＿＿＿＿＿。

6. 为每台主机起了个名称，主机的名称是由点分隔开的一连串的单词组成的，这种命名方法被称为＿＿＿＿＿＿＿。

7. 有一个 URL 是 http://www.hust.edu.cn/，表明这台服务器属于＿＿＿＿＿＿＿机构，该服务器的顶级域名是＿＿＿＿＿＿＿，表示＿＿＿＿＿＿＿。

3

计算机问题求解概述

【知识点搜索树】

章节号　知识点（主教材页码：P；知识点号：#）

3.1　　　计算机中的数据表示
　　3.1.1　────　数值数据（P49）
　　　　　　　　────　计算机内部的二进制世界（#1）
　　　　　　　　────　0 与 1 的计算思维（#2）
　　　　　　　　────　整数编码（#3）
　　　　　　　　────　原码与反码（#4）
　　　　　　　　────　补码（#5）
　　　　　　　　────　实数编码（#6）
　　3.1.2　────　字符数据（P54）
　　　　　　　　────　ASCII 码（#7）
　　　　　　　　────　Unicode 码（#8）
　　3.1.3　────　中文字符（P55）
　　　　　　　　────　交换码（#9）
　　　　　　　　────　机内码（#10）
　　　　　　　　────　输入码与输出码（#11）
　　3.1.4　────　声音编码（P58，#12）
　　3.1.5　────　图像编码（P59，#13）
3.2　　　计算机求解问题
　　3.2.1　────　计算机求解问题的步骤（P60，#14）
　　3.2.2　────　算法设计（P61）
　　　　　　　　────　理解算法（#15）
　　　　　　　　────　算法的条件（#16）
　　　　　　　　────　算法的条件表示（#17）
　　　　　　　　────　穷举法（#18）
　　　　　　　　────　贪心法（#19）
　　　　　　　　────　递推法（#20）
3.3　　　计算机程序
　　3.3.1　────　程序设计语言（P65）
　　　　　　　　────　高级语言（#21）
　　　　　　　　────　低级语言（#22）
　　3.3.2　────　编译与解释（P66，#23）

【学习要求】

1. 理解数据在计算机内部的存储方式。
2. 掌握计算机处理问题的基本过程。
3. 了解计算机算法的概念与特点。
4. 掌握计算机编程常用的典型算法。

3.1　知 识 要 点

1. 计算机内部是二进制编码世界

计算机是信息处理的工具，任何信息（包括文字、声音、视频等）都必须被转换成二进制形式数据后才能由计算机进行处理、存储和传输。

例如，用计算机处理十进制，需先把它转化成二进制才能被计算机所接受，同理，应将计算结果的二进制数转换成人们习惯的十进制数，如图 1.3.1 所示。

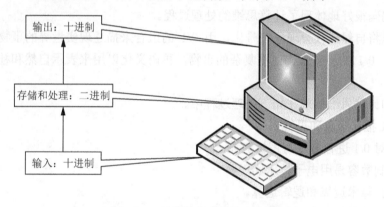

图 1.3.1　计算机信息转换示意图

结论： 在计算机内部采用二进制的形式表示数据，用具有固定长度的单元存储数据。

计算机内存地址示意图如图 1.3.2 所示。

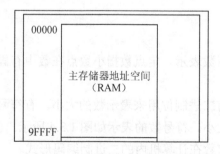

图 1.3.2　计算机内存地址示意图

计算机信息的存储单位如图 1.3.3 所示。

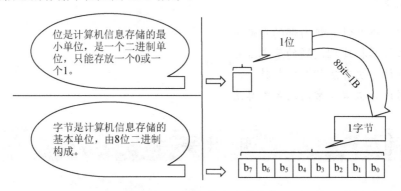

图 1.3.3　计算机信息存储单位

与其他存储单位的转换关系：$1KB=1024B=2^{10}B$，$1MB=1024KB=2^{20}B$，$1GB=1024MB=2^{30}B$，$1TB=1024GB=2^{40}B$，$1PB=1024TB=2^{50}B$。

2. 0 与 1 的计算思维

二进制编码很好地体现了计算思维的处理过程。

我们可以将自然或社会现象符号化，用 0/1 的组合来描述现实世界的事物，通过可计算性，用基于 0/1 的组合来构建更复杂的事物，再语义化以用来表示自然和社会现象的变化规律。

二进制的计算思维体现在如下处理过程中。

1）用 0/1 描述现象和思维。

2）需要对 0/1 进行算术与逻辑运算。

3）二进制数容易用电子技术实现。

4）能进行算术运算和逻辑运算。

5）分层可实现更复杂的运算。

6）集成芯片组合更复杂的逻辑电路。

结论：思维过程可描述为语义符号化—符号计算化—计算 0/1 化—0/1 自动化—分层构造化—构造集成化。

3. 整数编码

整数在计算机中用定点数表示，定点数指小数点在数中有固定的位置，整数可分为无符号整数和有符号整数。

在无符号整数中，所有二进制位用来表示数的大小。有符号的整数用最高位表示数的正负号，其他位表示数的大小。符号数的表示如图 1.3.4 所示。

原码、反码和补码是整数在计算机内的二进制编码形式。

图 1.3.4 符号数的表示

4. 原码与反码

原码：最高位为符号位，0 表示正数，1 表示负数，其余位数为其数值；原码在进行算术运算时需考虑符号，并且数值 0 的表示不唯一。

反码：最高位为符号位，0 表示正数，1 表示负数，正数同原码，负数在原码的数值部分按位求反得到，数值 0 的反码表示也不唯一。

5. 补码

目前计算机内部数据的表述采用补码表示。

补码：对原码各位求反加 1，数值 0 的补码表示是唯一的，同时还可以将减法运算转化为加法运算。

在计算机系统中，数值用补码来表示（存储）。补码系统的最大优点是可以在加法或减法处理中，不需因为数字的正负而使用不同的计算方式。只要一种加法电路就可以处理各种有符号数的加法，而且减法可以用一个数加上另一个数的补码来表示，另外，补码系统的 0 只有一个表示方式。

注意：机器数由于受到表示数值的位数的限制，只能表示一定范围内的数，超过一定范围则为"溢出"。

6. 实数编码

实数在计算机内用浮点数表示，其小数点的位置是不固定的。在计算机中一个浮点数由尾数（包含数符）和阶码（包含阶符）两部分组成，如图 1.3.5 所示。

图 1.3.5 实数的表示

尾数表示数值的有效数字，小数点固定在数符和尾数之间，阶码用来表示尾数中的小数点应当向左或向右移动的位数。在浮点数中，数符和阶符各占一位。尾数部分的位数决定了数值的精度，阶码部分的位数决定了数值的范围。

结论：计算机中的数值数据采用二进制数字表示，为了使符号位能与有效数值部分一起参加运算，简化运算规则，引入了补码。

7. ASCII 码

字符编码是用二进制编码来表示字母、数字及专用符号。编码是采用一些基本符号，通过一定的组合原则，以表示大量复杂多样的信息的技术。

ASCII 码即美国信息交换标准代码，用一个字节表示一个字符，通常最高位为 0，可表示 128 个字符。

8. Unicode 码

Unicode 码扩展自 ASCII 码的字符集。Unicode 码使用全 16 位二进制表示字符，使得 Unicode 码能够表示世界上所有的书写语言中可能用于计算机的字符编码。

9. 交换码

交换码：1980 年我国颁布用于汉字信息处理的国标码，国标码收录了 6763 个常用汉字和 682 个非汉字的字符，用 2 字节编码。

10. 机内码

机内码：计算机系统内部对汉字进行存储、处理的代码，用 2 字节编码，机内码中 2 字节的最高位均置 1，以与 ASCII 码区别。

11. 输入码与输出码

输入码：根据汉字的读音或字形的编码，如智能拼音、五笔字型、全拼等。
输出码又称字形码，包括：点阵和矢量两种。

12. 声音编码

声音编码的步骤主要有采样、量化（也是模拟信号转化为数字信号的基本方法）。
采样：采集模拟信号的样本。
采样频率：每秒钟采样的样本数（单位为 Hz）。采样频率越高，文件越大（数据量），音质越好。采样周期越短，文件越大（数据量），音质越好。
量化：把采集得到的模拟量值序列转换成一个二进制数序列。

13. 图像编码

在计算机中，图形（Graphics）和图像（Images）是两个不同的概念。
（1）图形
图形一般指使用绘画软件绘制出的由直线、曲线等组成的画面，图形文件中存放的是描述图形的指令，以矢量图形文件存储。

矢量表示法的基本原理是用直线逼近曲线，用直线段两端点位置表示直线段。采用这种方法表示图形时存储量非常少。矢量图形由矢量定义的直线和曲线组成，矢量图形根据轮廓的几何特性进行描述。图形的轮廓画出后，被放在特定位置并填充颜色，移动、缩放或更改颜色不会降低图形的品质。

矢量图形与分辨率无关，可以将它缩放到任意大小或以任意分辨率在输出设备上打印出来，都不会影响清晰度。

（2）图像

图像是由扫描仪、数码照相机等输入的画面，数字化后以点阵（位图）形式存储。一幅画可以看作由排列成若干行、若干列的黑白或彩色的光点组成。每一个光点称为一个像素（Pixels)，从而形成一个像素点阵。

点阵的像素总数决定了图像的精细程度。像素的数目越多，图像越清晰，其细节的分辨率程度也越高，但同时也必然要占用更大的存储空间。对于图像的点阵表示，其行数和列数的乘积称为图像的分辨率。

将每个像素用若干个二进制位进行编码，表示图像颜色的过程称为图像数字化。描述图像的重要属性是图像分辨率和颜色深度。

图像数字化编码可以分为以下几种：黑白色、256 灰色、真彩色图像显示。

结论：由于计算机中的数据以二进制的形式存储、运算、识别和处理。字母和各种媒体信息也必须按特定规则变成二进制编码才能输入计算机。

14. 计算机求解问题的步骤

（1）用计算机解决问题的优势

1）存储容量大。

2）运算速度快。

3）精度高。

4）可按人们编制的程序重复执行。

（2）求解问题的步骤

计算机不能直接求解现实社会中的问题，需要人类对问题抽象、形式化后才能在计算机上执行程序以解决问题。其处理过程主要包含以下步骤：

1）分析问题：准确、完整地理解和描述问题。

2）设计算法。

3）算法表示（流程图、伪代码）。

4）编写程序。

5）测试验证运行结果。

15. 理解算法

曾有人形容算法："有两种思想，像珠宝商放在天鹅绒上的宝石一样熠熠生辉。一个是微积分，另一个就是算法。微积分以及在微积分基础上建立起来的数学分析体系造就了现代科学，而算法造就了现代世界。"

生活中有许多相似算法的例子，例如，菜谱是做菜的算法，微波炉说明书是微波炉使用的算法。从广义上来看，算法是在解决问题时，按照某种步骤一定可以得到问题结果的处理过程。其结果可能是问题的解，也可以是无解的结论。从计算机领域理解，算法是用计算机解决问题的方法和步骤的描述。

软件的核心就是算法，程序可以描述为数据结构与算法的组合。现代科学研究三大支柱之一的科学计算就是研究如何设计算法。

算法是一组有穷的规则，其规定了解决某一特定类型问题的一系列运算。

16．算法的特点

1）确定性：算法每种运算必须有确切定义，不能有二义性。

2）可行性：算法中有待实现的运算都是基本的运算，能在有限时间内完成。

3）输入：每个算法有 0 个或多个输入。

4）输出：一个算法能产生一个或多个输出。

5）有穷性/有限性：一个算法总是在执行了有穷的运算之后终止。

一个计算机程序是对一个算法使用某种程序设计语言（如 VB.NET）的具体实现。任何一种程序设计语言都可以实现任何一个算法。

17．算法的表示

自然语言：人们日常所用的语言。

流程图：使用规定流程图形符号。

伪代码：介于自然语言和计算机语言之间的文字和符号。

例如，对于如何对数据进行排序的问题，"选择排序"的思路如下：

1）从所有整数中选一个最小数，作为已排序的第一个数。

2）从剩下未排序整数中选最小的数，添加到已排序整数的后面。

3）反复执行步骤 2），直到所有整数都处理完毕。

用流程图描述的选择排序算法如图 1.3.6 所示。

计算机中处处体现算法。例如，Word 程序中查找用户指定的文字，搜索引擎在 WWW 网中找到用户需要的网页，均使用查找算法；Word 与 Excel 文档中表格内的数据排序，使用了排序的算法；把一幅彩色图片转换为黑白图片，媒体播放器把 MP3 文件转换成动听的音乐，都会使用相应的转换算法。

18．穷举法

穷举法也称为枚举法，是在搜索结果的过程中，把各种可能的情况都考虑到，并对所得的结果逐一进行判断，过滤掉那些不符合要求的，保留那些符合要求的。

　　并不是所有的问题都可以使用穷举法来求解，只有当问题的所有可能解的个数不太多并在可以接受的时间内得到问题的所有解时，才有可能使用穷举法。

　　穷举法的解题过程分如下两步：

　　1）逐一列举可能的解的范围，这个过程用循环结构实现。

　　2）对每一个列举可能的解进行检验，判断是否为真正的解，这个过程用选择结构实现。

　　例如，在 1～2008 这些自然数中，找出所有是 37 倍数的自然数，如图 1.3.7 所示。

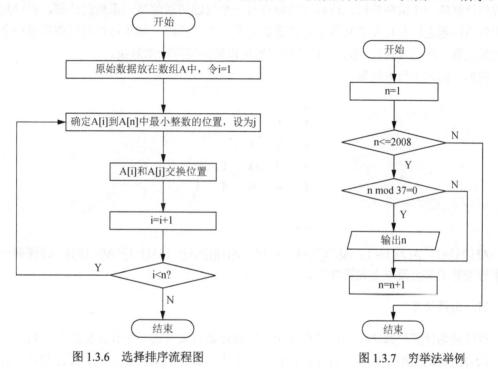

图 1.3.6　选择排序流程图　　　　　　图 1.3.7　穷举法举例

19. 贪心法

　　若在求解一个问题时，根据每次所得到的局部最优解，推导出全局最优解或最优目标，根据这个策略，每次得到局部最优解，进而逐步推导出问题的解，这种策略称为贪心法。

　　例如，在 n 行 m 列的正整数矩阵中，要求从每行中选出 1 个数，使得选出的 n 个数的和最大。

　　解题思路：要使总和最大，则每个数要尽可能大，自然应该选每行中最大的那个数。因此，我们可以设计出如下算法：

　　读入 n、m，矩阵数据；

　　total　　:= 0;

　　for I　　:= 1 to n do;

　　　　begin;

选择第 i 行最大的数，记为 k；

      total   := total+k;

    end；

输出最大总和 total。

20. 递推法

递推法是一种重要的数学方法，在数学的各个领域中都有广泛的运用，也是计算机用于数值计算的一个重要算法。这种算法特点是一个问题的求解需一系列的计算，在已知条件和所求问题之间总存在着某种相互联系的关系，在计算时，如果可以找到前后过程之间的数量关系（即递推式），那么，这样的问题可以采用递推法来解决。

例如，杨辉三角形问题：

```
1
1   1
1   2   1
1   3   3   1
1   4   6   4   1

        ...
```

A[1][1]=1，A[2][1]=1，A[2][2]=1，规律：A[i][j]=A[i-1]A[j-1]+A[i-1][j]，即任何一个元素分别等于其上及左上元素之和。

21. 高级语言

程序是为计算机解决某个问题而采用程序设计语言编写的一个计算机指令序列。

语言的目的是用于通信，程序设计语言用于人与计算机之间的通信。程序设计语言是由人使用但计算机可以理解的一种语言，主要用于编制程序，表达需要计算机完成什么任务及如何完成任务。

程序设计语言主要用于描述算法。

高级语言是使用英文符号及数学表达式的语言，容易理解、记忆和使用。高级语言不再依赖于具体的计算机硬件，可在不同的计算机上通用，高级语言使程序设计的难度降低，促使计算机的发展进入新的阶段。例如，下面一条语句的含义是为变量 y 赋值，使 y 的值为变量 x 的值加上 90。

```
Y = x + 90;
```

高级语言的发展历程如下：

1）面向过程的语言：Fortran、C 等。

2）面向对象的语言：Visual Basic（VB）、C++、Java、C#等。

Visual Basic.NET 语言的特征：

1）可视化、面向对象、事件驱动的高级程序设计语言。

2）高效率、简单易学、功能强大。

3）可快速开发 Windows 环境下功能强大、图形界面丰富的应用软件。

22. 低级语言

（1）机器语言

机器语言指计算机指令系统，使用二进制编码，可以被计算机直接执行，但机器语言面对特定的硬件，移植性差，不易修改维护，现在已不直接用机器语言编程。机器语言如图 1.3.8 所示。

（2）汇编语言

汇编语言用助记符表示机器指令中的操作数与操作符。汇编语言可以使用十进制，程序相对于机器语言容易理解，但汇编语言仍然依赖于具体的计算机，与人们自然语言差别大，并且大型程序的开发比较困难。汇编语言如图 1.3.9 所示。

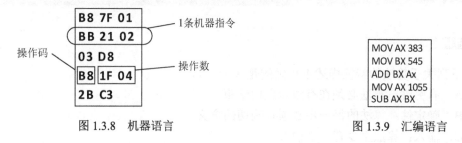

图 1.3.8　机器语言　　　　　　　　　　　图 1.3.9　汇编语言

23. 编译与解释

高级程序设计语言的翻译程序是指能够把某种高级语言的程序转换成另一种低级语言的程序，而后者与前者在逻辑上是等价的。高级语言的翻译过程如图 1.3.10 所示。

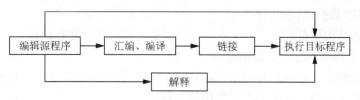

图 1.3.10　高级语言的翻译过程

高级语言转换成低级语言主要有两种方式：编译和解释。

1）编译：产生目标程序后交付执行。

2）解释：不产生目标程序，边解释边执行。

计算机解决问题的步骤如图 1.3.11 所示。

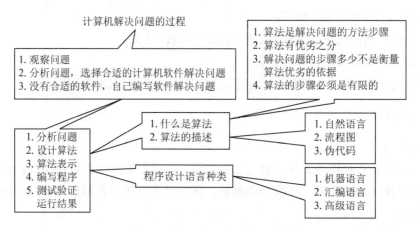

图 1.3.11　计算机解决问题的步骤

3.2　测　试　题

一、单选题

1. 下列关于算法的特征描述不正确的是（　　）。

   A. 有穷性：算法必须在有限步之内结束

   B. 确定性：算法的每一步必须有确切的含义

   C. 输入：算法至少有一个输入

   D. 输出：算法至少有一个输出

2. 下列不属于算法基本特点的是（　　）。

   A. 可行性　　　　　B. 确定性　　　　　C. 有穷性　　　　　D. 无限性

3. 下列说法正确的是（　　）。

   A. 算法+数据结构=程序　　　　　　　B. 算法就是程序

   C. 数据结构就是程序　　　　　　　　D. 算法包括数据结构

4. 下列关于算法说法不正确的是（　　）。

   A. 算法独立于任何具体的语言，Visual Basic 算法只能用 Visual Basic 语言来实现

   B. 解决问题的过程就是实现算法的过程

   C. 算法是程序设计的"灵魂"

   D. 算法可以通过编程来实现

5. 正数的原码与（　　）相同。

   A. GB2312 码　　　B. ASCII 码　　　C. BCD 码　　　　D. 补码

6. 下列几个不同进制的数中，最小的数是（　　）。

   A. 二进制数 1001001　　　　　　　　B. 十进制数 75

   C. 八进制数 37　　　　　　　　　　　D. 十六进制数 A7

7．用高级语言编写的程序（　　）。

    A．只能在某种计算机上运行

    B．无需经过编译或解释，即可被计算机直接执行

    C．具有通用性和可移植性

    D．几乎不占用内存空间

8．下列有关二进制的论述中，错误的是（　　）。

    A．二进制只有两位数　　　　　　　　B．二进制只有"0"和"1"两个数码

    C．二进制运算规则是逢二进一　　　　D．二进制数中右起第十位的 1 相当 2^9

9．语言处理程序的发展经历了（　　）三个发展阶段。

    A．机器语言、Visual Basic 语言和 C 语言

    B．机器语言、汇编语言和高级语言

    C．二进制代码语言、机器语言和 Fortran 语言

    D．机器语言、汇编语言和 C++语言

10．从计算机键盘上输入汉字时，输入的实际上是（　　）。

    A．汉字内码　　　　B．汉字输入码　　　　C．汉字交换码　　　　D．汉字字形码

二、填空题

1．一个汉字的机内码与国标码之间的差别是_____。

2．一个字节能表示的最大的无符号整数是_____。

3．一条计算机指令包括两个部分，它们是_____和_____。

4．二进制 11111010 转换为十进制数是_____。

5．十进制数 101 转换成二进制数是_____。

6．十六进制数 4DE.7 转换成二进制数是_____。

7．计算机内部采用的数制是_____。

8．计算机能直接识别、执行的语言是_____。

9．用高级语言编写的程序称为源程序，它不能直接在机器中运行，必须经过_____。

10．原码、反码与补码中，_____编码对数值 0 的表示是唯一的。

三、简答题

1．什么叫作"位"、"字节"、"字"？

2．何谓指令？指令中的操作码、操作数有何作用？

3．高级语言与机器语言的主要区别是什么？

4．在计算机中表示数时，为什么要引入补码？

5．简述计算机解决问题需要的步骤。

6．什么是算法？简述算法的 5 个特点。

7．二进制数与十进制数、八进制数、十六进制数如何相互转换？

8．算法和程序有何联系和区别？

9．整数在计算机中是如何编码的？

4 应用程序设计入门

【知识点搜索树】

章节号　知识点（主教材页码：P；知识点号：#）

【学习要求】

1. 了解面向对象的程序设计的基本概念和特点。
2. 掌握 VB.NET 应用程序的开发过程。
3. 掌握窗体和基本控件的使用方法。
4. 了解可视化程序设计的基本概念和方法。

4.1　知识要点

1. 类和对象

对象是现实世界中客观存在的事物。类是同类对象集合的抽象，它规定了这些对象的公共属性和方法；对象是类的一个实例。

对象的概念是面向对象编程技术的核心，是人们要进行研究的任何事物，从简单的整数到复杂的飞机等均可看作对象。

在面向对象程序设计中，类是同类对象的属性和行为特征的抽象描述。类包含创建对象的属性数据及对这些数据进行操作的方法定义。

2. 对象的属性

属性用于描述和反映对象的特征。不同的对象有不同的属性，也有一些属性是公共的。利用属性窗口和在程序代码中通过赋值语句都可以对对象的属性值进行设置。

在程序代码中通过使用赋值语句修改对象的属性值的格式如下：

　　对象名.属性名 = 属性值

3. 对象的方法

方法是附属于对象的行为和动作。它实际上是对象本身所内含的一些特殊的函数或过程，通过调用这些函数或过程可实现相应的动作。

对象方法的调用格式如下：

　　对象名.方法名(〔*参数列表*〕)

4. 对象的事件

事件是由 VB.NET 预先设置的、外界施加于对象上并能被对象识别的动作。一个对象可以识别和响应多个不同的事件。应用程序的执行通过事件来驱动，当在该对象上触发某个事件后，就执行一个与事件相关的事件过程；当没有事件发生时，整个程序就处于等待状态。

5. VB.NET 简介

VB.NET 是 Visual Studio .NET 集成开发环境中的一种程序设计语言。Visual 的含义是可视化，指的是开发图形用户界面的方法，通过 VB.NET 提供的系列控件来实现；Basic 指的是 Visual Basic 语言，是一种简单易学的程序设计语言。

VB.NET 一方面继承了 Visual Basic 语言简单易学的特点，另一方面在其编程环境中采用了面向对象的可视化设计工具、事件驱动的编程机制、动态数据驱动等先进的软件开发技术，为用户提供了一种所见即所得的可视化程序设计方法。

VB.NET 语言的主要特点如下：

1）具有方便、直观的可视化设计工具。

2）采用面向对象的程序设计方法。

3）采用事件驱动的编程机制。

4）采用 Visual Studio .NET 这种易学易用的应用程序集成开发环境。

5）是一种结构化的程序设计语言。

6）强大的多媒体、数据库和网络功能。

6. 创建 VB.NET 窗体应用程序的过程

1）分析问题，确立目标。

2）设计窗体，建立用户界面的对象。

3）为各对象设置属性。

4）确立对象的事件，编写程序代码。

5）运行、调试程序。

6）保存项目。

7. 标识符命名规则

标识符是指常量、变量、对象、函数、子过程等的名称，这些名称都应遵守标识符的命名规则。标识符的命名规则如下：

1）必须以字母、汉字、下画线 "_" 开头，由字母、汉字、数字或下画线组成，不能是其他字符或空格。

2）如果以下画线开头，则需包含至少一个字母、汉字或数字。

3）不能使用 VB.NET 中的关键字，如 If、Sub 等。

8. Name 属性

Name 属性是指对象的名称，是窗体和所有控件都具有的属性，用于唯一标示对象。在程序中，对象名称作为对象的标志供程序引用。Name 是只读属性。

控件对象创建时，系统为每个对象提供了默认对象名，如窗体的默认名为 Form1、Form2……文本框的默认名为 TextBox1、TextBox2……标签的默认名为 Label1、Label2……命令按钮的默认名为 Button1、Button2……用户也可以在界面设计阶段，通过属性窗口修改对象名称。

9. Text 属性

Text 属性是指在窗体的标题栏或控件上显示的文本。窗体、命令按钮、标签、文本框等控件都具有此属性。Text 属性值为字符串型数据。

10. ForeColor 属性和 BackColor 属性

ForeColor 属性是指窗体或控件的前景色，即正文的颜色。BackColor 属性是指窗体或控件的背景色。

在 VB.NET 中，颜色可使用两种方法表示：

（1）使用 Color 枚举类型

枚举是一系列常数的集合，同时也是一个类型。它限定了声明成这个类型的变量只能取枚举中的值，而不能取其他值。Color 枚举类型的值很多，如 Color.Black、Color.Blue、Color.Gray、Color.Green、Color.Pink、Color.Red。

例如，将文本框 TextBox1 中文本的颜色设置为绿色的语句如下：

```
TextBox1.ForeColor = Color.Green
```

将标签 Label1 的背景色设置为白色的语句如下：

```
Label1.BackColor = Color.White
```

（2）通过调用 Color.FromArgb 方法获得颜色

在 Color.FromArgb 方法中给出红、绿、蓝三个值（0～255），即可获得由此三色合成的颜色。例如，设置当前窗体的背景色为红色（10）、绿色（100）、蓝色（150）的合成色：

```
Me.BackColor = Color.FromArgb(10, 100, 150)
```

11. Font 属性

Font 属性是指文本的字体格式，包括字体、字号、字形等项。Font 属性值是 Font 类结构的，在代码中应通过 New 命令来创建 Font 对象来改变字体。

例如，将文本框 TextBox1 的字体设为楷体，字号设为 16，文本加粗并带下画线的语句如下：

```
TextBox1.Font = New Font("楷体", 16, FontStyle.Bold Or FontStyle.
                 Underline)
```

New Font 的第一个参数表示字体，第二个参数表示字号，第三个参数表示字形。字形包括下画线（FontStyle.Underline）、倾斜（FontStyle.Italic）、加粗（FontStyle.Bold）等选项，选项之间用 Or 进行连接。第一个参数和第二个参数必写，第三个参数可不写。

12. Location 属性

Location 属性表示控件在容器内的位置，即控件与容器左边框和顶部的距离。Location 属性由 Point 类结构来实现，默认情况下，单位为像素。对于窗体来说，Location 属性表示窗体到屏幕左边框和顶部的距离。Location 也可以用 Left 和 Top 属性来表示。

例如，将图片框 PictureBox1 定位于距窗体左边框 100、距顶部 50 的位置的语句如下：

```
PictureBox1.Location = New Point(100, 50)
```

等价于：

```
PictureBox1.Left = 100  : PictureBox1.Top = 50
```

13. Size 属性

Size 属性表示控件的大小，由一对整数分别表示控件的宽度和高度，由 Size 类结构来实现。也可以用 Width 和 Height 属性来表示。

例如，将当前窗体宽度设置为 300、高度设置为 200 的语句如下：

```
Me.Size = New Size(300, 200)
```

等价于：

```
Me.Width = 300  :  Me.Height = 200
```

14. Visible 属性

Visible 属性决定控件是否可见，值为 True 时可见；值为 False 时不可见，但控件本身存在。

例如，设置命令按钮 Button1 不可见的语句如下：

```
Button1.Visible = False
```

15. Enabled 属性

Enabled 属性决定控件能否允许操作，值为 True 时，允许用户操作；值为 False 时，不允许用户操作，并且呈淡色。

例如，设置命令按钮 Button1 不可操作的语句如下：

```
Button1.Enabled = False
```

16. 窗体

窗体类似一块"画布"，是所有控件的容器。应用程序都是按照从窗体开始"画"界面、设置属性、编写程序代码的顺序来创建的。在设计时，窗体是程序员的"工作台"，在运行时，每个窗体对应一个窗口。

17. 窗体的 WindowState 属性

WindowState 属性确定窗体的初始可视状态。WindowState 属性可取如下 3 个值：

1）FormWindowState.Normal（默认值）：常规状态。

2）FormWindowState.Maximized：最大化状态。

3）FormWindowState.Minimized：最小化状态。

18. 窗体的 Load 事件

Load 事件在窗体被加载至内存时触发。当应用程序启动时，会自动执行该事件，所以该事件通常用来在启动应用程序时对属性和变量进行初始化。

例如，在窗体 Form1 的模块声明段声明 x、y 两个整型变量，启动窗体，在窗体的标题栏显示"装载窗体"，并为 x、y 分别赋值 100 和 200。

```
Dim x, y As Integer
Private Sub Form1_Load(ByVal sender As Object, ByVal e As System.EventArgs)
  Handles Me.Load
    Me.Text = "装载窗体"
    x = 100
    y = 200
End Sub
```

19. 窗体的 Click 事件

用户在窗体中的任意位置进行单击时触发 Click 事件。

20. 窗体的 Close 方法

Close 方法的功能是关闭窗体。
格式：

```
Public Sub Close()
```

调用方式：

```
窗体名.Close()
```

21. 命令按钮控件

命令按钮控件用于启动事件过程的执行，一般通过 Click 事件来实现。

22. 命令按钮的 Image 属性

命令按钮上除了可以显示文本，还可以显示图像。命令按钮的 Image 属性就是用来设置命令按钮上显示的图像的。

例如，在命令按钮 Button1 上加载一幅图像，图像位于 D 盘的根目录下，名称为 flower.jpg。

```
Button1.Image = Image.FromFile("D:\flower.jpg")
```

23. 命令按钮的 TextAlign 属性

TextAlign 属性用来设置命令按钮上显示的文本的对齐方式。TextAlign 属性可取下面的值：

1）ContentAlignment.BottomCenter：在垂直方向上底边对齐，在水平方向上居中对齐。

2）ContentAlignment.BottomLeft：在垂直方向上底边对齐，在水平方向上左边对齐。

3）ContentAlignment.BottomRight：在垂直方向上底边对齐，在水平方向上右边对齐。

4）ContentAlignment.MiddleCenter（默认值）：在垂直方向上居中对齐，在水平方向上居中对齐。

5）ContentAlignment.MiddleLeft：在垂直方向上居中对齐，在水平方向上左边对齐。

6）ContentAlignment.MiddleRight：在垂直方向上居中对齐，在水平方向上右边对齐。

7）ContentAlignment.TopCenter：在垂直方向上顶部对齐，在水平方向上居中对齐。

8）ContentAlignment.TopLeft：在垂直方向上顶部对齐，在水平方向上左边对齐。

9）ContentAlignment.TopRight：在垂直方向上顶部对齐，在水平方向上右边对齐。

24．命令按钮的 Click 事件

用户单击命令按钮时触发 Click 事件。

25．标签控件

标签控件用于在窗体上显示文字，但是不能将其作为输入信息的界面。一般不需要使用标签的方法和编写事件过程。

26．标签的 AutoSize 属性

AutoSize 属性的值为 True 时，启用根据字号自动调整大小；值为 False 时，标签保持原来设计时的大小。默认值为 True。

例如，当需要竖向显示标签中的文本时，则需要将 AutoSize 属性值置为 False，并调整标签的宽度为一个字符的宽度，调整标签的高度至一个合适的高度。

27．标签的 BorderStyle 属性

BorderStyle 属性确定标签是否有可见的边框。BorderStyle 属性可取下列 3 个值：

1）BorderStyle.None（默认值）：无边框。

2）BorderStyle.Fixed3D：三维边框。

3）BorderStyle.FixedSingle：单边框。

28．标签的 TextAlign 属性

TextAlign 属性用来设置标签上显示的文本的对齐方式。TextAlign 属性可取的值与命令按钮的 TextAlign 属性可取的值相同（参见#23）。

29．文本框控件

文本框控件是用来对文本信息进行输入、编辑和显示的控件。文本框本身就是一个简易的文本编辑器。

30．文本框的 MaxLength 属性

MaxLength 属性指定可以在文本框中输入的最大字符数。

31．文本框的 PasswordChar 属性

当希望文本框成为密码框时，PasswordChar 的值为密码符号。

32. 文本框的 ReadOnly 属性

ReadOnly 属性值为 True 时，文本框中的文本不允许用户修改（可通过程序更改）。默认值为 False。

33. 文本框的 MultiLine、ScrollBars、WordWrap 属性

MultiLine 属性值为 True 时，文本框可以显示多行；值为 False 时，文本框只能显示一行。默认值为 False。

ScrollBars 属性决定是否显示滚动条，此属性必须在 MultiLine 属性的值为 True 时才有效。ScrollBars 属性可取如下值：

1）ScrollBars.None（默认值）：无滚动条。

2）ScrollBars.Horizontal：具有水平滚动条（WordWrap 属性值为 False 时才有效）。

3）ScrollBars.Vertical：具有垂直滚动条。

4）ScrollBars.Both：同时具有水平滚动条和垂直滚动条。

WordWrap 属性决定在多行显示时，文本是否自动换行，默认值为 True。

注意：

1）要使文本框具有垂直滚动条，需要设置 MultiLine 属性值为 True，ScrollBars 属性值为 Vertical 或 Both。

2）要使文本框具有水平滚动条，需要设置 MultiLine 属性值为 True，ScrollBars 属性值为 Horizontal 或 Both，WordWrap 属性值为 False。

34. 文本框的 SelectionStart、SelectionLength、SelectedText 属性

SelectionStart 属性用于获取或设置文本框中选定文本起始点。SelectionLength 属性用于获取或设置文本框中选定文本的字符数。SelectedText 属性值为文本框中当前选定的文本。

35. 文本框的 TextChanged 事件

当修改文本框中的内容时触发 TextChanged 事件。

36. 文本框的 KeyPress 事件

KeyPress 事件在按某个键结束时被触发。KeyPress 事件过程的参数 e 的 KeyChar 属性中记录了按下的键对应的字符，因此当需要判断用户的具体按键内容时可编写 KeyPress 事件过程的代码。另外，也可以通过给 e.keychar 赋值而改变用户输入的字符。

例如，窗体上有一个文本框 TextBox1，如果用户输入字母，则在文本框中显示该字母的下一个字母，即如果用户输入的是"A"，则显示"B"，用户输入"B"则显示"C"，…，用户输入"Z"则显示"A"。

```
Private Sub TextBox1_KeyPress(ByVal sender As Object, ByVal e As System.
Windows.Forms.KeyPressEventArgs) Handles TextBox1.KeyPress
```

```
        If e.KeyChar >= "a" And e.KeyChar <= "y" Then
            e.KeyChar = Chr(Asc(e.KeyChar) + 1)
        ElseIf e.KeyChar >= "A" And e.KeyChar <= "Y" Then
            e.KeyChar = Chr(Asc(e.KeyChar) + 1)
        ElseIf e.KeyChar = "z" Then
            e.KeyChar = "a"
        ElseIf e.KeyChar = "Z" Then
            e.KeyChar = "A"
        End If
    End Sub
```

在上述程序中，函数 Asc 的功能是将一个字符转换成其对应的 ASCII 码；函数 Chr 的含义是将一个 ASCII 码转换成其对应的字符。

37. 文本框的 LostFocus 事件

LostFocus 事件在文本框失去焦点时被触发，焦点的丢失是由于制表键（Tab）的移动或单击另一个对象操作的结果。LostFocus 事件过程主要用来对更新进行证实和有效性检查。

38. 文本框的 Focus 方法

Focus 方法的功能是使文本框获得焦点。当需要用户在文本框中输入文本时，可调用此方法。

格式：

```
Public Sub Focus()
```

调用方式：

控件名.Focus()

39. 文本框的 AppendText 方法

AppendText 方法的功能是在文本框内原有文本的末尾添加指定的文本。

格式：

```
Public Sub AppendText(text As String)
```

调用方式：

控件名.AppendText(添加的内容)

40. 文本框的 Clear 方法

Clear 方法的功能是清除文本框中的文本。

格式：

```
Public Sub Clear()
```

调用方式：

控件名.Clear()

41. 文本框的 Copy、Cut、Paste 方法

Copy 方法的功能是复制文本框中选定的内容，并放到剪贴板上。Cut 方法的功能是剪切文本框中选定的内容，并放到剪贴板上。Paste 方法的功能是将剪贴板中的文本粘贴到文本框中。

Copy 方法的格式：

```
Public Sub Copy()
```

Copy 方法的调用方式：

控件名.Copy()

Cut 方法的格式：

```
Public Sub Cut()
```

Cut 方法的调用方式：

控件名.Cut()

Paste 方法的格式：

```
Public Sub Paste()
```

Paste 方法的调用方式：

控件名.Paste()

例如，窗体上有两个名称分别为 TextBox1 和 TextBox2 的文本框，有一个名称为 btnMove 的命令按钮。单击命令按钮后，将 TextBox1 中文本的前 5 个字符移至 TextBox2 中。

方法 1：

```
Private Sub btnMove_Click(ByVal sender As System.Object, ByVal e As System.
    EventArgs) Handles btnMove.Click
    TextBox1.SelectionStart = 0
    TextBox1.SelectionLength = 5
    TextBox2.Text = TextBox1.SelectedText
    TextBox1.SelectedText = ""
End Sub
```

方法 2：

```
Private Sub btnMove_Click(ByVal sender As System.Object, ByVal e As System.
    EventArgs) Handles btnMove.Click
```

```
        TextBox1.SelectionStart = 0
        TextBox1.SelectionLength = 5
        TextBox1.Cut()
        TextBox2.Paste()
    End Sub
```

42. 可视化界面设计

可视化程序设计是一种程序设计方法。它主要是让程序设计人员利用软件本身所提供的各种控件，像搭积木式地构造应用程序的各种界面。

用 VB.NET 设计 Windows 窗体应用程序，首先要做的是界面设计，即布置好所需要的控件对象并对这些对象做必要的初始属性设置工作。

43. 用于输入数据的界面元素

为了完成应用程序的数据输入工作，通常需要在窗体中放置文本框、单选按钮、复选框、列表框、通用对话框等控件。另外，也可以在程序中通过赋值语句完成数据的输入。

44. 用于处理数据的界面元素

为了触发应用程序的功能代码的执行，通常使用命令按钮、菜单、计时器等控件。

45. 用于输出数据的界面元素

为了完成数据的输出，通常在窗体上放置文本框、标签、图片框等控件。另外，也可以利用 MsgBox 函数进行输出。

4.2　常见错误和重难点分析

1. 安装 Visual Studio 2010 的步骤

1）如果安装包为一个压缩文件，如"Visual Studio 2010.rar"，那么首先要做的操作就是对文件解压。

2）解压之后，如果得到的是一个光盘映像文件，如"Visual Studio 2010 简体中文旗舰版.iso"，则需要再次解压，方法与 1）相同。

3）解压完成后，会在用户指定的文件夹下生成一系列的文件和子文件夹。找到文件 setup.exe，双击运行，开始安装。

4）按照安装程序的提示一步步完成安装。

2. 程序调试和排错

在编写程序的过程中难免发生错误，程序调试和排错就是查找和修改错误的过程。Visual Studio 2010 提供了强大的错误检测和调试处理功能，可以帮助程序员轻松解决程序编写和运行过程中出现的错误。

通常可以将程序错误分为语法错误、运行时错误和逻辑错误。

（1）语法错误

当用编程语言规则不允许的方式编写代码时，就会发生语法错误。

当用户在代码设计窗口输入完一行代码后，系统会对程序代码进行语法检查。当发现语法错误时，系统会用蓝色波浪下画线标记出该代码。将鼠标指针停留在波浪线上，会显示一条描述该错误的信息。

修复语法错误之前程序不能运行。

单击工具栏中的"启动调试"按钮 ▶ 后，如果存在语法错误，将会显示如图 1.4.1 所示的对话框。如果单击"是"按钮，将会运行上一个没有错误的程序版本；如果单击"否"按钮，则程序将停止运行并出现错误列表窗口。

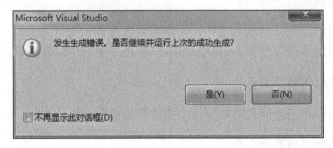

图 1.4.1　发生生成错误的对话框

错误列表窗口显示有关语法错误的信息，包括对错误的说明及错误在代码中的位置，如图 1.4.2 所示。双击错误列表窗口中的错误内容，代码设计窗口中将会突出显示有错误的代码。

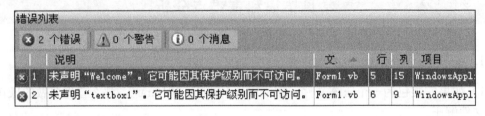

图 1.4.2　错误列表窗口

（2）运行时错误

运行时错误指程序代码在编译通过后，运行代码时所发生的错误。这类错误往往是由于指令代码执行非法操作所引起的。例如，除数为零、类型不匹配、数组下标越界、试图打开一个不存在的文件等。

当程序中出现这种错误时，程序会停止，进入中断模式，并给出有关的错误提示信息，如图 1.4.3 所示。

图 1.4.3　运行时错误

（3）逻辑错误

程序运行后，没有提示出错信息，但得不到所期望的运行结果，说明存在逻辑错误。这往往是由于算法存在错误引起的，这类错误需要程序员仔细分析程序，在可疑代码处通过插入断点和逐语句跟踪，检查相关变量的值，分析产生错误的原因。

1）插入断点和逐语句跟踪。

在设计模式或中断模式下，单击怀疑存在问题的语句行左侧的窗口边框或按 F9 键，边框上出现 ◉，即设置了断点。

当程序运行到断点语句位置停下（该语句未执行），进入中断模式，此时将鼠标指针停留在要查看的变量上，将显示变量的值。

单击"逐语句"按钮 ▣ 或按 F8 键将执行下一语句，代码设计窗口左侧边框上显示 ➡，标记当前行位置。

插入断点和逐语句跟踪如图 1.4.4 所示。

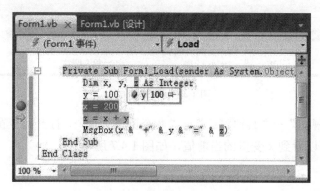

图 1.4.4　设置断点和逐语句跟踪

2）调试窗口。

Visual Studio 2010 提供了一系列调试工具。选择"视图"→"工具栏"→"调试"命令，显示"调试"工具栏，各按钮作用如图 1.4.5 所示。

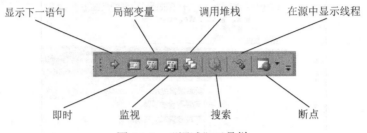

图 1.4.5　"调试"工具栏

在中断模式下，使用"调试"工具栏上的按钮可以打开即时窗口、局部变量窗口、监视窗口、调用堆栈窗口、自动窗口、输出窗口等，使用"视图"→"其他窗口"子菜单下的命令，可以打开命令窗口等。通过这些窗口，可以看出程序运行过程中的数据变化，从而找出错误。

例如，单击"调试"工具栏上的"断点"右侧的下拉按钮，在弹出的下拉列表框中选择"自动窗口"命令，打开自动窗口，可以查看当前运行的代码行及其上、下行代码使用到的相关变量的值，如图 1.4.6 所示。

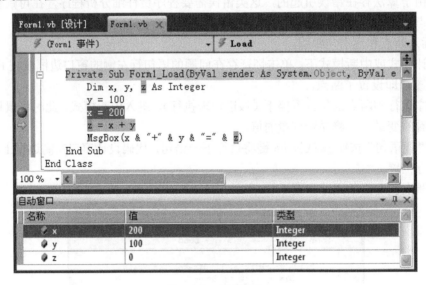

图 1.4.6　自动窗口

又如，选择"视图"→"其他窗口"→"命令窗口"命令，打开命令窗口，输入命令：？x，按 Enter 键后可以看到 x 变量的当前值，如图 1.4.7 所示。

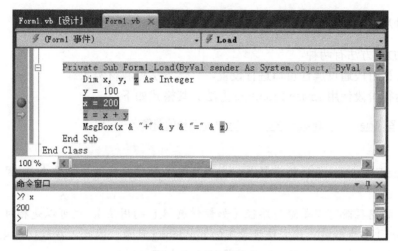

图 1.4.7　命令窗口

3．多重窗体

在 VB.NET 中，项目是一个独立的编程单位，其中包含窗体文件及其他相关文件。

通常一个项目中至少包含一个模块，模块可以是窗体模块，也可以是标准模块、类模块等。可以在一个项目中添加多个模块/窗体，即多重窗体。

（1）添加窗体

当新建一个 Windows 窗体应用程序时，系统自动创建一个名为 Form1 的窗体，在解决方案管理器中可看到该窗体对应的窗体文件 Form1.vb。

可以用下面两种方法向项目中添加新的窗体。

方法 1：选择"项目"→"添加窗口"命令。在弹出的对话框中选择"Windows 窗体"选项。

方法 2：在"解决方案资源管理器"窗口中的项目名称上右击，在弹出的快捷菜单中选择"添加"→"添加 Windows 窗体"命令。新添加的窗体默认的名称为 FormX（X 为 2，3，…），相应的窗体文件名默认为 FormX.vb（X 为 2，3，…）。

（2）设置启动窗体

当一个项目中有多个窗体时，在默认的情况下，程序运行时会自动启动 Form1，如果要设置项目中的其他窗体为启动窗体，可以通过设置项目属性来完成。

方法 1：在"解决方案资源管理器"窗口中的项目名称上右击，在弹出的快捷菜单中选择"属性"命令，在打开的属性窗口"应用程序"选项卡的"启动窗体"下拉列表中选择启动窗体名称。

方法 2：选择"项目"→"项目属性"命令，在打开的属性窗口"应用程序"选项卡的"启动窗体"下拉列表中选择启动窗体名称。

注意：

1）在调试程序时，必须保证所有的窗体模块都没有语法错误，否则系统会报错。

2）多个窗体之间可以无关，也可以存在相互调用的关系。

4. 为图片框加载图像

图像的加载方法有两种。

1）在设计阶段通过属性窗口进行设置，具体方法见教材例 4.2。

2）在运行阶段使用 Image.FromFile 方法。其格式如下：

```
控件名.Image = Image.FromFile("带路径的图像文件名")
```

注意：

1）Image.FromFile 方法的参数是一个字符串（带路径的图像文件名），因此需要双引号括起来。

2）文件的路径既可以是绝对路径（如教材例 4.1 的用法），也可以是相对路径。程序运行时，当前目录为当前项目文件目录下的 bin\debug 目录。因此，在教材例 4.1 中，如果将文件 tulips.jpg 放在此目录下，加载图像的语句也可以写为

```
picFlower.Image = Image.FromFile("tulips.jpg")
```

在设计阶段加载图像，该图像将与窗体一起保存在资源文件中，生成可执行文件时也将包含在其中，因此执行程序时不必提供该图像文件。但是，如果使用语句在运行时加载图像，则必须保证在运行程序时能够找到相应的图像文件，否则将会出错。

5. 常见错误——在 Visual Studio 2010 中未显示"工具箱"等窗口

当用户所需的窗口或工具箱不在主窗口时，可通过"视图"菜单打开。常用的窗口和工具箱还能在工具栏上找到相应的图标快捷按钮。

6. 常见错误——语句书写位置错误

在 VB.NET 中，除了在模块声明段用 Dim、Const 等声明语句声明常量、变量、数组外，任何可执行语句都应出现在各类过程中，包括事件过程、子过程、函数过程等，否则系统会报语法错误。

如果要对模块级变量进行初始化工作，则一般放在窗体的 Load 事件过程中。

7. 常见错误——对象的名称（Name）属性输入错误

窗体及窗体中的每个控件都有名称（Name 属性），用于在程序中唯一地标识该对象。

系统为每个对象提供了默认对象名，用户也可以自己为对象起名，如 txtInput、txtOutput、cmdOk 等。对于初学者，由于程序较简单，控件少，使用默认的控件名较方便。

注意：对象的 Name 属性为只读属性，只能在属性窗口中修改，不能在程序代码中使用赋值语句修改。

8. 常见错误——对象的属性名、方法名输入错误

当在程序代码中输入的对象属性名或方法名错误时，系统会报语法错误。

在编写程序代码时，应尽量使用 Visual Studio 2010 提供的自动列出成员功能，即当用户输入对象名和句点后，系统自动列出该对象可用的属性和方法，如图 1.4.8 所示，用户按 Space 键或双击即可，这样既可减少输入也可防止此类错误的出现。

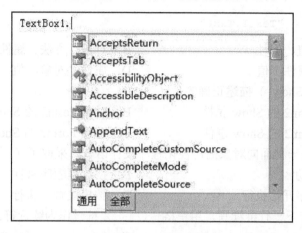

图 1.4.8　自动列出成员

4.3　测 试 题

一、单选题

1. 对于 VB.NET，描述错误的是（　　　）。
   A．仅能开发 Windows 窗体应用程序　　B．.NET 的核心是.NET 框架
   C．采用事件驱动的编程机制　　　　　　D．是面向对象的编程语言

2. 对象的三要素不包含（　　　）。
   A．属性　　　　　　B．过程　　　　　　C．方法　　　　　　D．事件

3. 对于 Visual Studio 2010，描述错误的是（　　　）。
   A．Visual Studio 2010 是一种编程语言
   B．Visual Studio 2010 是一种集成开发环境
   C．使用 Visual Studio 2010，可以支持用 VB.NET 编程语言进行程序设计开发
   D．使用 Visual Studio 2010，可以支持多种编程语言进行程序设计开发

4. 类是对象的抽象，对象则是类的具体化。在窗体上建立的一个控件称为（　　　）。
   A．对象　　　　　　B．容器　　　　　　C．实体　　　　　　D．类

5. 在 VB.NET 中，称对象的数据（特征）为（　　　）。
   A．属性　　　　　　B．方法　　　　　　C．事件　　　　　　D．封装

6. （　　　）是由 VB.NET 提供的一种专门的子程序，由对象本身所具有，反映该对象功能的内部函数或过程。
   A．文件　　　　　　B．属性　　　　　　C．方法　　　　　　D．窗体

7. 对象可以识别和响应的某些动作称为（　　　）。

    A. 属性　　　　　　　B. 方法　　　　　　　C. 继承　　　　　　　D. 事件

8. 有程序代码如下，则 Text1、Text、"Text1.Text"分别代表（　　　）。

```
Text1.Text = "Text1.Text"
```

    A. 对象、值、属性　　　　　　　　　　B. 对象、方法、属性

    C. 对象、属性、值　　　　　　　　　　D. 属性、对象、值

9. 对于 Form2.Show( ) 描述正确的是（　　　）。

    A. 对象 Form2 的 Show 属性　　　　　B. 对象 Form2 的 Show 方法

    C. 对象 Form2 的 Show 事件　　　　　D. 窗体 Form2 的 Show 属性

10. VB.NET 是一种面向对象的可视化程序设计语言，采取了（　　　）的编程机制。

    A. 事件驱动　　　　　　　　　　　　　B. 按过程顺序执行

    C. 从主程序开始执行　　　　　　　　　D. 按模块顺序执行

11. 一语句要在下一行继续写，用空格+（　　　）符号作为续行符。

    A. +　　　　　　　　　B. _　　　　　　　　　C. *　　　　　　　　　D. :

12. 在一行内写多条语句时，每个语句之间用（　　　）符号分隔。

    A. ,　　　　　　　　　B. :　　　　　　　　　C. 、　　　　　　　　　D. _

13. 下例符号中，（　　　）是 VB 合法的标识符。

    A. x_y　　　　　　　　B. π　　　　　　　　　C. 2x　　　　　　　　　D. Dim

14. 不论何控件，共同具有的属性是（　　　）。

    A. Text　　　　　　　B. Name　　　　　　　C. ForeColor　　　　　D. Size

15. 下列属性中，不能在程序运行阶段通过赋值语句改变属性值的是（　　　）。

    A. Font　　　　　　　B. ForeColor　　　　　C. Name　　　　　　　D. Size

16. 要使窗体的标题为"我的程序"，应修改窗体的（　　　）属性。

    A. Name　　　　　　　B. Title　　　　　　　C. Tip　　　　　　　　D. Text

17. 运行程序时，系统自动执行窗体的（　　　）事件过程。

    A. Click　　　　　　　B. Load　　　　　　　C. Move　　　　　　　D. GotFocus

18. 在文本框中，通过（　　　）属性能获得当前插入点所在的位置。

    A. Position　　　　　　　　　　　　　　B. SelectionLength

    C. SelectedText　　　　　　　　　　　D. SelectionStart

19. 对于文本框控件，如果要能够多行显示，应修改文本框控件的（　　　）属性值为 True。

    A. MaxLine　　　　　B. MaxLength　　　　C. MultiLine　　　　D. SelectionLength

20. 要使文本框成为密码输入框，一般应修改文本框的（　　　）。

    A. PasswordChar 属性和 MaxLength 属性

    B. PasswordChar 属性

    C. PasswordChar 属性和 MultiLine 属性

    D. PasswordChar 属性和 Lines 属性

21. 文本框 TextBox1 的 PasswordChar 的属性值设为&,程序运行时,在文本框 TextBox1 中连续输入 123456,最终在文本框中显示的结果为 ( )。

 A．&&&&&&& B．&   C．&23456 D．&1&2&3&4&5&6

22. 要使文本框中的文字不能被修改,应设置 ( ) 属性。

 A．Enabled   B．Visible   C．Locked   D．ReadOnly

23. 要判断在文本框中是否按了 Enter 键,应在文本框的 ( ) 事件过程中判断。

 A．TextChanged B．Click   C．KeyDown D．KeyPress

24. 程序运行时,用户在一个文本框中输入了 "ABCD" 4 个字符,则该文本框发生了 ( ) 次 TextChanged 事件。

 A．0   B．1   C．4   D．不确定

25. 要使命令按钮不可操作,应对 ( ) 属性进行设置。

 A．Enabled   B．Visible   C．BackColor D．Text

26. 要使命令按钮在运行时不显示,应对 ( ) 属性进行设置。

 A．Enabled   B．Hide   C．Visible   D．BackColor

27. 标签控件的作用是 ( )。

 A．输入文本信息   B．显示或输出文本信息

 C．编辑文本信息   D．相当于文本编辑器

二、填空题

1. 对象具备的三个要素是_____、_____、_____。

2. _____是对象的物理性质,是用来描述和反映对象的特征和参数。

3. 打开代码设计窗口的快捷键是_____,启动调试程序的快捷键是_____。

4. 在 VB.NET 中最基本的对象是_____。

5. 当对象获得焦点时,发生_____事件;当对象失去焦点时,发生_____事件。

6. 通过文本框的_____属性,可获得文本框中当前选定的文本。

7. 如果将文本框设置为有垂直滚动条(设置 ScrollBars 属性的值为 Vertical),但没有垂直滚动条显示,其原因是没有把_____属性设置为 True。

8. 能清除文本框中的文本的方法是_____,在文本框内原有文本的末尾添加新的文本的方法是_____。

9. 通过命令按钮的_____属性,可以设置命令按钮上显示的图形。

10. 如果要在单击命令按钮时执行一段程序,应在_____事件过程中编写代码。

5 VB.NET 语言基础

【知识点搜索树】

章节号　知识点（主教材页码：P；知识点号：#）

5.1　数据类型（P106）
- 数值类型（#1）
- 文本类型（#2）
- 布尔型（#3）
- 日期型（#4）
- 对象型

5.2　变量（P110）
- 变量的三要素（#5）
- 变量的声明（#6）
- 变量初始化（#7）
- 变量的数据类型与变量的值（#8）

5.3　常量（P115）
- 直接常量（#9）
- 符号常量（#10）
- 系统常量（#11）

5.4　用表达式处理数据（P117）
- 算术运算符与算术表达式（#12）
- 字符串运算符与字符串表达式（#13）
- 关系运算符与关系表达式（#14）
- 逻辑运算符与逻辑表达式（#15）
- 运算符的优先级（#16）
- 表达式的书写规则

5.5　用函数处理数据（P123）
- 算术运算类函数（#17）
- 字符运算类函数（#18）
- 日期运算类函数
- 数据类型转换类函数（#19）
- String Format 格式输出函数（#20）

【学习要求】

1. 掌握常用的数据类型。
2. 掌握变量和常量的声明方法及初始化方法。
3. 掌握常用运算符的使用方法及表达式的书写方法。
4. 掌握常用的函数。

5.1 知 识 要 点

1. 数值类型

VB.NET 中的数值类型分为整型和浮点型两种。其中，整型分为短整型、整型、长整型等多种，浮点型分为单精度型、双精度型等多钟。

短整型、整型和长整型数值能表达的数据范围不一样。三者中，长整型数值能表达的数据范围最大，短整型数值能表达的数据范围最小。

单精度型和双精度型都能表示浮点数，它们的区别在于能表示的有效数字位数不一样。单精度型可以表示的有效数字为 7 位以内（含 7 位），双精度型可以表示的有效数字为 15 位以内（含 15 位），这就使得能表达的数据精度有差异。

在实际应用中，需要根据具体情况分析，判断需要的数据类型，通常选择能够满足需要的数据类型即可，这样可以节省数据的存储空间。

例如，高考成绩用短整型或整型表示即可，无需用长整型，当然，用长整型表示也能实现相关的功能。气温用单精度型表示即可，当然用双精度型也能正常表示，不过会占用更多的存储空间。

2. 文本类型

在日常生活中，由多个字符构成的数据均可以用文本类型来描述。例如，人名"张杰"、"Smith Bob"；邮编"430074"；字母字符"A"、"c"，数字字符"0"、"1"等。

文本类型分为两种：字符型和字符串型。

字符型用于表示由单个字符构成的数据，如字母字符或数字字符。

字符串型用于表示由 0～多个字符构成的数据，如人名、系名、电话号码、邮编等。

3. 布尔型

在生活中，很多事情或事物只有两种状态。例如，门有开和关两种状态，血色素有达标和不达标两种状态等。使用布尔型能较好地描述这些事物。

布尔（Boolean）型也称为逻辑型。其值只有 True（真）和 False（假）两种，用于表示条件的成立与否或真与假。

例如，学校组织一次体检，需要检查每个同学的血色素是否达标，并进行记录。此时，可以将血色素达标记为 True，不达标记为 False。

4. 日期型

日期型（Date）数据用于表示日期和时间。表达方式有多种，可表达年、月、日、小时、分钟、秒、上午、下午等内容。

日期型常量数据通常使用"#"括起来作为定界符，如#5/1/2011#、#August 1,2012#、#2012-3-15 8:30:00 AM#。

5. 变量的三要素

任何一个变量，都要具有变量名、变量类型、变量值，这是变量的三要素。例如：

```
Dim sglNum1 As Single
```

该语句声明的变量名为 sglNum1，类型为单精度型，通过声明隐式赋初始值为 0。

6. 变量的声明

变量声明最常用的方法是使用 Dim 语句声明。
声明变量的语法格式如下：

```
Dim <变量名[，…]  [<As 类型>|类型符]>[，…]
```

在声明变量时，有多种写法。例如，要声明 a、b 两个整型变量，以及字符串变量 str1，以下语句均能实现该效果：

```
Dim a As Integer,b As Integer,str1as String
Dim a,b As Integer,str1 As String
Dim a As Integer,b As Integer,str1$
Dim a As Integer,b%,str1$
Dim a,b As Integer,str1$
Dim a%,b%,str1$
```

7. 变量初始化

变量的初始化分为显式初始化和隐式初始化两种。
（1）显式初始化
显式初始化是指在声明变量时同时给变量赋予初始值。例如：

```
Dim intA%=691
Dim strDept="CS"
```

（2）隐式初始化
隐式初始化指在声明变量时不直接给变量赋予初始值，此时，变量的初始值由变量的类型决定，具体如下：
1）整型变量，隐式初始化值为 0。

2）单精度变量，隐式初始化值为 0。

3）字符串变量，隐式初始化值为空串。

4）布尔型变量，隐式初始化值为 False。

5）对象型变量，隐式初始化值为 NULL。

注意：无论是隐式初始化还是显式初始化变量，变量的值在程序中都可以多次使用赋值语句等方法进行更改。例如：

```
Dim  intA % =691
intA = 701                   '该赋值语句修改了变量 intA 的值
intA = 701 * 1.1 %+ 10       '该赋值语句再次修改了变量 intA 的值
```

8. 变量的数据类型与变量的值

变量的值与它的数据类型是紧密相关的。无论通过哪种方式给变量赋值（如通过文本框输入，通过赋值语句赋值等），最终变量的值都要符合它的数据类型，否则会强制转换成符合数据类型的值，如果转换不成功，则出错。

例如：

```
Dim intX %= 345.678    'intX 的值为整数 346
Dim blnB1 as Boolean =0  '对数据 0 强制转换成布尔型,为 False,即 blnB1 的值为 False
intX = TextBox1.text
'将文本框 TextBox1 中的字符串强制转换成数值数据的整型,赋值给 intX。如果转换不成功,
'则显示转换出错信息
```

9. 直接常量

简单来说，直接常量就是各种类型数据的直接表示。例如：

```
sglX = 4 * 5 + 45.6        '其中,4、5、45.6 均为直接常量
strName = "Smith Bob"      '其中, 字符串"Smith Bob"为直接常量
```

对于数值型直接常量，可以在常量后面加上类型符，如 4%、5%、45.6! 等。

10. 符号常量

符号常量指使用常量定义 Const 语句来定义的常量。

（1）定义符号常量的格式

格式：

[访问符] Const *符号常量名* [As *数据类型*]=表达式

例如：

```
Const  PASS_MARK %= 60      '使用直接常量 60 给符号常量 RASS_MARK 赋值
Const  RATE! = 0.35         '使用直接常量 0.35 给符号常量 RATE 赋值
Const  RATE2! = 0.01+RATE   '使用表达式给符号常量 RATE2 赋值
```

（2）使用方法

符号常量的使用方法和直接常量的使用方法一样。例如：

```
Dim sglMoney!
sglMoney = val(TextBox1.Text)*(1+PASS_MARK)
```

11. 系统常量

系统常量指的是在 VB.NET 中预先定义的符号常量，它们的值已经预先定义好了。在程序中可以直接使用。例如：

```
Label.BackColor = Color.Black  'Color.Black 是系统常量
```

12. 算术运算符与算术表达式

（1）算术运算符

常用的算术运算符如表 1.5.1 所示。

表 1.5.1　算术运算符及其优先级

优先级	运算符	含义	举例	结果
1	^	乘方	2 ^ 3	8
2	−	负号	−2 ^ 4	−16
3	*、/	乘、除	5 * 3 / 2	7.5
4	\	整除	5 * 3 \ 2	7
5	Mod	求余	5 * 3 Mod 2	1
6	+、−	加、减	10−3 + (−2)	5

注："−"运算符是单目运算符，需要一个操作数；其余都是双目运算符，需要两个操作数。

注意：

1）优先级数值越小，优先级越高。

2）同一个优先级的运算符，按照从左到右进行计算。

（2）算术表达式

算术表达式由常量、变量、函数和算术运算符共同组成，其计算次序遵循运算符的优先级。

1）数据类型的转换。

算术运算符连接的操作数应该是数值型，因此，对于不同类型的数据进行算术运算，均需根据转换规则转换成数值型再进行运算。

转换规则：

① 数字字符串型或逻辑型会自动转换为数值型后再参与运算。

② 逻辑型数据转换为数值型数据时，False 转换为数值 0，True 转换为数值−1。

若转换不成功，则出现运行时错误。错误提示信息中会显示相关的转换不成功的说明。

例如，对于表达式"300"+51-True，运算时，将数字字符串"300"转换成数值300，将逻辑值 True 转换成-1，然后计算结果。

2）算术表达式计算结果的数据类型。

构成表达式的操作数如果具有不同的数据类型（如一个是整型，一个是双精度型），则运算结果的数据类型采用精度较高的数据类型。数值数据类型的精度由低至高为 Byte<Short<Integer <Long<Decimal <Single<Double。

例如，5%+4.5!的值为单精度型9.5。

13. 字符串运算符与字符串表达式

字符串运算符用于进行字符串的连接操作。有两个字符串运算符，即&和+。例如，"hello" & "world"、"hust" + "430074"。

14. 关系运算符与关系表达式

关系运算符也称比较运算符，用于两个操作数的值的比较，常用的如表 1.5.2 所示。

表 1.5.2　关系运算符

运算符	含义	举例	结果
=	等于	"ABCDE" = "ABR"	False
>	大于	"ABCDE" > "ABR"	False
>=	大于等于	"bc" >= "abcde"	True
<	小于	23 < 3	False
<=	小于等于	"23" < "3"	True
<>	不等于	"abc" <> "abcde"	True

由关系运算符构成的表达式称为关系表达式。例如：

```
Dim a%,b%
a = 15;  b = 20
If a > b Then TextBox1.Text = "a>b"
```

其中，a>b 是由关系运算符"＞"和操作数 a、操作数 b 共同构成的关系表达式。

关系表达式的值为逻辑型，即 True 或 False。

关系运算主要对操作数进行比较。不同类型的操作数，通常需要转换成同一种类型进行比较。其比较规则如下：

1）数值型数据按其大小比较。

2）字符串比较按照字符的 ACSII 码值从左到右逐一比较，直到相同位置出现不同的字符为止。

数字字符"0"～"9"的 ASCII 码为48～57，大写字母字符"A"～"Z"的 ASCII 码为65～90，小写字母字符"a"～"z"的 ASCII 码为97～122。在数字字符内部，大写字母字符内部及小写字母字符内部，字符的 ASCII 码值是按照字符次序逐次递增。这三者相比，数字字符 ASCII 码最小，小写字母字符 ASCII 码最大。

3）日期型将两个日期分别转换为 "yyyymmdd" 的 8 位整数，然后比较两个数值的大小。

15. 逻辑运算符与逻辑表达式

逻辑运算符中，Not 为单目运算符，其余为双目运算符。常用的逻辑运算符的优先级如表 1.5.3 所示。

表 1.5.3　逻辑运算符及其优先级

优先级	运算符	含义	说明
1	Not	非	对操作数取反
2	And	与	当两个操作数均为 True 时，结果为 True；否则为 False
3	Or	或	当两个操作数均为 False 时，结果为 False；否则为 True

逻辑表达式是用逻辑运算符将逻辑值或关系表达式及圆括号连接起来组成的式子，逻辑表达式的值也只可能是一个逻辑值，即 True 或 False。

逻辑运算符的真值表如表 1.5.4 所示（用 T 表示 True，F 表示 False），其中，X 和 Y 为逻辑值或关系表达式。

表 1.5.4　逻辑运算符的真值表

X	Y	Not X 的值	X And Y 的值	X Or Y 的值
T	T	F	T	T
T	F	F	F	T
F	T	T	F	T
F	F	T	F	F

16. 运算符的优先级

表达式中含有多个运算符时，VB.NET 会根据运算符的优先级进行运算。不同类的运算符之间的优先级别从低到高分别为逻辑运算符、关系运算符、字符串运算符、算术运算符。

在所有的运算符中，圆括号的优先级别是最高的，对于要优先执行的运算，可以放在一对圆括号内。如果一个操作数左右两边的运算符优先级别相同，则先执行左边的运算。

17. 算术运算类函数

算术运算类函数也称为数学函数，用于实现各种数学运算，作用与数学中的定义通常一致，使用时通过类名 Math 调用。常用的数学函数如表 1.5.5 所示。

表 1.5.5 常用数学函数

函数	功能	示例	结果
Abs(x)	绝对值函数	Math.Abs(-22.7)	22.7
Sqrt(x)	平方根函数	Math.Sqrt(16)	4
Sign(x)	符号函数（正数为1，负数为-1）	Math.Sign(2.6)	1
		Math.Sign(0)	0
		Math.Sign(-2.6)	-1
Round(x,n)	四舍五入，n 为小数点右边的位数，如省略则表示小数点右边 0 位四舍五入	Math.Round(4.56789, 2)	4.57
		Math.Round(4.56789)	5

其他常用算术运算类函数。

（1）Int(x)函数和 Fix(x)函数

Int(x)函数和 Fix(x)函数的功能都是返回一个整数。Int(x)函数是向下取整返回整数，而 Fix(x)函数是截取整数部分返回。例如：

```
Int(5.6)        '结果为5
Int(-5.6)       '结果为-6
Fix(5.6)        '结果为5
Fix(-5.6)       '结果为-5
```

（2）Rnd 函数

Rnd 函数用来返回一个 Single 类型的随机数，该随机数的范围为[0，1)。

通常使用 Rnd 函数来产生一组任意范围内的随机整数。其方法如下：

1）将取值区间转换为左边闭右边开的形式[a，b)。

2）进行推导：[a,b)→a+[0,b-a)→a+(b-a)*[0,1) 由于要生成随机整数，故使用 Rnd 函数生成一个[0，1)范围内的随机数后，最后对 a+(b-a)* Rnd( )整个表达式用 Int 函数取整。故可以使用下面的表达式生成[a，b)范围内的随机整数：

```
Int(a +(b - a) * Rnd())
```

例如，要产生 100～135 内的随机整数（即[100，135]），首先转换其取值区间为[100，136)，即 100+[0,36)，进一步推导为 100+36*[0,1)，故表达式如下：

```
Int(100 + 36 * Rnd())
```

要生成一个在[100，135]范围内的随机整数的代码如下：

```
Dim  a!
Randomize          'Randomize 语句初始化随机数生成器
a = Int(100 + 36 * Rnd())
TextBox1.Text = a  '该数显示在文本框 TextBox1 中
```

18. 字符运算类函数

常见的字符串函数如表 1.5.6 所示。其中 s、s1、s2 代表字符串，n、m 代表数值。

表 1.5.6 常用字符串函数

函数	功能	示例	结果
Trim(s)	去掉 s 两端的空格	Trim(" abc ")	"abc"
Left(s,n)*	从 s 左边取 n 个字符	Left("abcdef", 4)	"abcd"
Right(s,n)*	从 s 右边取 n 个字符	Right("abcdef", 4)	"cdef"
Mid(s,n[,m])	从 s 第 n 个字符起取 m 个字符；m 省略不写时，取从第 n 个字符开始的右边所有字符	Mid("abcdef", 2, 3) Mid("abcdef", 2)	"bcd" "bcdef"
Len(s)	返回字符串 s 的长度	Len("VB.Net 学习")	8
Instr([n,]s1,s2)	从 s1 的第 n 位开始查找 s2 首次出现的位置；n 省略不写时，从第 1 个位置开始查找	InStr(3, "abcdabcde", "ab") InStr("abcdabcde", "ab")	5 1
Space(n)	返回 n 个空格	Space(5)	" "
LCase(s)	将 s 中所有字母转换为小写字母	LCase("VB.Net")	"vb.net"
UCase(s)	将 s 中所有字母转换为大写字母	UCase("VB.Net")	"VB.NET"

需要注意的是，字符串函数 Left 和 Right 在使用时需要加上 Microsoft.VisualBasic 的前缀，其他字符串函数可用可不用。例如：

```
Dim s1$ = Microsoft.VisualBasic.Trim(" VB.Net ")
Dim s2$ = Microsoft.VisualBasic.Left("hello world", 5)
```

19. 数据类型转换类函数

常见的转换函数如表 1.5.7 所示。其中，s 表示字符串，n 表示数值。

表 1.5.7 常用转换函数

函数	功能	示例	结果
Asc(s)	字符转换为 ASCII 码值	Asc("A")	65
Chr(n)	ASCII 码值转换为字符	Chr(65 + 32)	"a"
Str(n)	数值转换为字符串	Str(−12.345) Str(12.345)	"−12.345" " 12.345"*
Val(s)	数字字符串转换为数值	Val("12abc.345")	12

正数转换为字符串时，字符串的第一个字符是空格。例如：

```
Dim sglNum1 As single
TextBox1.Text = Str(sglNum1)  '将 sglNum1 转换成字符型赋值给 TextBox1 的 Text
                              '属性

Dim  intNum2 As Integer
```

```
intNum2=Val(TextBox2.Text)  '将 TextBox2 中的内容转换成数值赋值给变量 intNum2
```

20. String.Format 格式输出函数

格式：

```
String.Format("[字符串 1]{Index[,W][:Format 格式] }[字符串 2] [ [字符串 3]
    { Index[,W][:Format 格式] }[字符串 4]…]",数值 1[,数值 2…])
```

数值：要格式化的数值，可为一个或多个。多个数值之间用逗号隔开。String.Format 方法可有两个参数或多个参数，从第二个参数开始均为数值，表示要格式化的数值。

"…"：是 String.Format 方法的第一个参数，该参数使用两个双引号（" "）括起。对该参数的内部内容的进一步说明如下：

字符串：任何字符串；它不是一个必须有的参数，可省略不写。

{…}：用花括号括起来的参数用于表明对数值参数格式化的具体方法。

1）Index：数值的索引，从 0 开始计数。

2）W：数值格式化后的长度，或占有的宽度，以及对齐的方式。其中，长度以字符数计算，若为正数则右对齐，若为负数则左对齐。如果长度小于数值格式化后的长度，则以数值格式化后的长度作为最终的长度。该参数可以省略，此时以 Format 格式后的字符数作为长度。

3）Format 格式：任何有效的格式表达式，该参数可省略。若省略，则直接将数值转换为字符串。常用的将数值数据格式化的 Format 格式字符如表 1.5.8 所示。

表 1.5.8　常用数值格式字符

字符	功能	示例	结果
0	实际数字位数小于符号位，前后补 0；否则小数部分四舍五入	String.Format("{0:0000.00000}", 123.4567)	0123.45670
		String.Format("{0:00.00}", 123.4567)	123.46
#	有数字与#对应则显示数字，无数字对应则不显示	String.Format("{0:####.#####}", 123.4567)	123.4567
		String.Format("{0:##.##}", 123.4567)	123.46

5.2　常见错误和重难点分析

1. 常量的使用方法

与变量不同，符号常量定义后，不可以使用赋值语句修改其值。

例如，下列语句是错误的使用方法：

```
Const  PASS_MARK %= 60
PASS_MARK = 70  '错误,符号常量定义后,不可以修改其值
```

2. 常见错误——未将对象引用设置到对象的实例

在编程过程中，往往需要从文本框中获取输入的值赋值给变量。当将变量设置为模块级别的变量并从文本框中赋值时，有可能出现如下错误代码：

```
Public Class Form1
    Dim a$ = TextBox1.Text
    Dim b% = TextBox2.text
…
End Class
```

执行时出现的错误如图 1.5.1 所示。

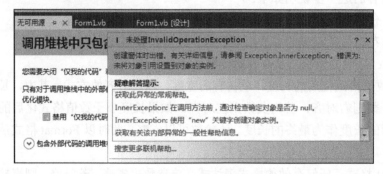

图 1.5.1 未将对象引用设置到对象的实例

错误描述为未将对象引用设置到对象的实例。造成该错误的原因是窗体还没有生成，无法将窗体中对象属性的值赋值给当前的模块级变量。

对于模块级别的变量，在声明时如果需要赋初值，不能直接从界面中的控件属性获取。给模块级变量赋初值的正确方法有两种。

1）声明时作为模块级变量声明，同时使用常量或常量表达式赋值。代码如下：

```
Public Class Form1
    Dim a$ ="hello"
    Dim b% = 5
…
End Class
```

2）声明时作为模块级变量声明，在事件过程中通过控件属性赋值。

```
Public Class Form1
    Dim a$
    Dim b%
Private Sub Button1_Click(sender As Object, e As EventArgs) Handles
    Button1.Click
        a$ = TextBox1.Text
        b% = TextBox2.Text
```

```
    End Sub
End Class
```

需要注意的是，需要在单击 Button1 执行事件过程 Button1_Click 之前，在 TextBox1 和 TextBox2 中输入数据。

3. 常见错误——错误的变量赋值方法

这里介绍两种错误的变量赋值的方法。

（1）执行时无错误弹出，但是执行结果错误

例如：

```
Public Class Form1
    Dim x1$
Private Sub Form1_Load(sender As System.Object, e As System.EventArgs)
    Handles MyBase.Load
    x1 = TextBox1.Text
End Sub
Private Sub Button1_Click(sender As Object, e As EventArgs) Handles
    Button1.Click
    MsgBox(x1)
End Sub
End Class
```

执行时，当界面显示后，在 TextBox1 中输入字符串 hello，单击 Button1，弹出的对话框中消息内容为空，如图 1.5.2 所示。

图 1.5.2　执行界面及弹出对话框

产生该问题是因为在 Form1 的 Load 事件中给变量通过控件对象赋值。窗体的载入事件在界面显示前就执行了，当该事件执行时，读取 TextBox1.Text 属性，该属性的初始值为空，给变量 x1 赋值即为空，因此最终单击 Button1 后显示的变量 x1 的内容为空。

界面显示后在文本框 TextBox1 中输入内容时，Form1_Load 事件早已执行完毕了，此时在文本框中输入的内容不会对变量 x1 有任何影响。

改正的方法为使用其他的事件过程给变量通过控件对象赋值，如在 Button1 的 Click 事件中实现。代码如下：

```
Public Class Form1
    Dim x1$
Private Sub Button1_Click(sender As Object, e As EventArgs) Handles
    Button1.Click
    x1 = TextBox1.Text
    MsgBox(x1)
    End Sub
End Class
```

需要注意的是，需要在单击 Button1 之前，在文本框 TextBox1 中输入数据，然后再单击 Button1，执行 Button1_Click 事件过程。该事件过程中的代码顺次执行。首先，通过赋值语句将 TextBox1.Text 的属性值赋给变量 x1，然后执行 MsgBox 语句，将 x1 的内容在消息框中显示。

（2）有错误弹出

如果给变量赋值不正确，在执行时可能引起错误。例如：

```
Private Sub Button2_Click(sender As Object, e As EventArgs) Handles
    Button2.Click
    Dim x% = 15
    Dim y% = 0
    TextBox1.Text = x \ y
End Sub
```

单击 Button2 执行 Button2_Click 事件时，弹出"未处理 DivideByZeroException"的错误信息，如图 1.5.3 所示。产生该错误的原因在于整除运算中，分母不能为 0。

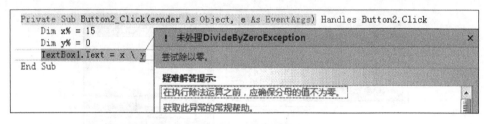

图 1.5.3　未处理 DivideByZeroException

4. 常见错误——算术运算溢出

对于数值类型的数据，如果赋值或运算结果不在数据类型表达范围内，则可能产生溢出。例如：

```
Private Sub Button3_Click(sender As Object, e As EventArgs) Handles
    Button3.Click
    Dim a1, a2, a3 As Integer
    a2 = 200000
    a3 = 90000
```

```
        a1 = a2 * a3
        MsgBox("a1=" & a1)
    End Sub
```

单击 Button3 执行 Button3_Click 事件时，弹出"未处理 OverflowException"的错误信息，如图 1.5.4 所示。产生该错误的原因在于乘法运算的结果超过整型类型的表达范围。

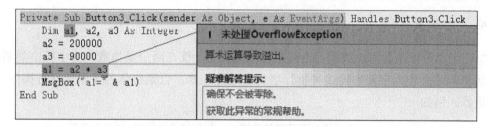

图 1.5.4 未处理 OverflowException

修改方法为将变量 a1 的数据类型改为长整型或双精度型，同时将 a2 与 a3 中的任何一个变量的数据类型改为长整型或双精度型。

这是因为在进行算术运算时，如果参与运算的操作数具有不同的数据类型，在 VB.NET 中规定运算结果的数据类型采用精度较高的数据类型。数据类型精度由低到高为 Byte<Short<Integer<Long<Decimal<Single<Double。

根据上述规则，a2 和 a3 相乘时，如果乘积范围超出整型范围，就需要将 a2 与 a3 中至少一个操作数的数据类型调整至精度较高的数据类型，如长整型、双精度型等。

以下任何一种声明方法均可以使得"算术运算溢出"的错误不再发生：

```
    Dim a2 As Integer, a3, a1 As Long
    Dim a3 As Integer, a2, a1 As Long
    Dim a2 As Integer, a3, a1 As Double
    Dim a3 As Integer, a2, a1 As Double
    Dim a2,a3, a1 As Long
    Dim a2,a3, a1 As Double
```

需要注意的是，单独修改变量 a1 的数据类型为长整型或双精度型，而不改变变量 a2 和 a3 的数据类型时，算术运算溢出的错误依旧会产生。这是因为当 a2 和 a3 均为整型时，它们进行乘法运算，乘法运算结果的有效表示范围依旧是整型范围，此时由于乘积超出整型范围，故会产生溢出。

5. 表达式的运算过程

请思考赋值语句 Label1.Text = 3<= x <= 7 中，表达式 3<= x <= 7 的运算过程。

表达式 3 <= x <= 7 中有两个关系运算符<=，系统先执行左边的运算符，即 3 <= x，得到结果为 False。然后 False 与 7 进行比较，即执行 False <= 7，此时两边的数据类型不一致，因此首先要将 False 转换为数值型（即 0），然后 0 和 7 比较大小，得到结果 True。可见对

于表达式 3 <= x <= 7，无论 x 的值是否在[3，7]之间，结果均为 True。

对于表达式 3 <= x And x <= 7，存在两个关系运算符<=和一个逻辑运算符 And，关系运算符的优先级高于逻辑运算符，先执行关系运算。关系运算符内部优先级相等，从左至右执行，故先运算 3 <= x，由于 x 的值为 1，故该表达式结果为 False;，然后运算 x <= 7，结果为 True；最后执行 False And True，故结果为 False。

6. "+" 运算符

"+" 运算符既是算术运算符，也是字符串连接符。仅在两个操作数均为字符串类型时，"+" 运算符才会作为字符串连接符执行字符串连接运算，否则将作为算术运算符执行算术加法运算。例如：

```
12 + "345"      '左边的操作数是数值数据12,执行算术加运算,结果为数值 357
True + "345"    '左边的操作数是布尔类型,执行算术加运算,结果为数值 344
"12" + "345"    '两个操作数均为字符串类型,执行字符串连接运算,结果为字符串"12345"
"s=" + "456"    '两个操作数均为字符串类型,执行字符串连接运算,结果为字符串"s=456"
```

在优先级方面，需要注意：字符串连接运算符 "+" 的优先级与算术加、算术减一致。字符串连接运算符 "&" 的优先级低于它们。

例如，对于"12" +"345"-100，由于运算符 "+" 的左右两边的操作数均为字符串，因此此处是字符串连接运算符，它的优先级和算术减是一样的，因此，表达式先做字符串连接运算，再做算术减运算。运算过程如下："12" +"345"-100 → "12345"-100 → 12345-100 → 12245。

7. String.Format 方法

在使用中，通常会使用一个 String.Format 方法将多个变量的结果格式化输出。例如：

```
Private Sub Button4_Click(sender As Object, e As EventArgs) Handles
    Button4.Click
    Dim x, y, z As Single
    x = 89 : y = 95.5 : z = 45
    Label1.Text = String.Format("三科成绩为{0,8:###.00}, {1,8:###.00},
    {2,8:###.00}", x, y, z)
    MsgBox(String.Format("总成绩{0,-10},平均成绩{1,-8:###.00}", x + y + z,
    (x + y + z) / 3))
End Sub
```

编码时需要注意，在第一个参数的花括号 "{}" 中的符号逗号、冒号、小数点等均需为英文符号，否则会出现格式化字符串错误的错误信息。

显示的结果如图 1.5.5 所示。

三科成绩为　89.00，　95.50，　45.00

图 1.5.5　String.Format 方法实例执行结果

在 Label1 中，显示了三科成绩，每个成绩占 8 个字符，右对齐，因此每个数值前均有 3 个空格。在弹出的消息对话框中，由于总成绩和平均成绩都采用的是左对齐，因此可以看到数字紧挨着汉字。对于总成绩，{0,-10}表示对 String.Format 的第二个参数即表达式 x+y+z 的值的格式规定为 10 个字符长度，左对齐，没有数值格式的显示说明，使用计算出的 229.5 作为数值转换为字符串"229.5"。对于平均成绩，{1,-8:###.00}表示对 String.Format 的第三个参数即表达式(x+y+z)/3 的值的格式规定为 8 个字符长度，左对齐，对计算的值 76.5 使用###.00 来进行格式化。

5.3　测　试　题

一、单选题

1. 下列定义常量不正确的语句是（　　　）。

   A. Const Num as Integer=10

   B. Const Num as Long=23.4，Str1$="VB.Net"

   C. Const Str1$="VB.Net"

   D. Const Str1$=# VB.Net #

2. 语句段如下：

```
Dim intX%,sglY!,dblZ#
intX = 12345.6789
sglY = 12345.6789
dblZ = 12345.6789
TextBox1.text = intX & " " & sglY & " " & dblZ
```

   执行上述语句段后，TextBox1 中显示的内容为（　　　）。

   A. 12345　　　　12345.6789　　12345.6789

   B. 12345　　　　12345.67　　　12345.68

   C. 12346　　　　12345.68　　　12345.67

D. 12346　　12345.68　　12345.6789

3. 语句段如下：

```
Dim chrX As Char
chrX = "abc"
Dim strY As String
strY = "abc"
TextBox1.Text = chrX & "   " & strY
```

语句段执行的结果是（　　）。

 A．执行时弹出字符变量 chrX 赋值为字符串，赋值出错的信息

 B．文本框 TextBox1 中显示内容为 abc

 C．文本框 TextBox1 中显示内容为 a　abc

 D．文本框 TextBox1 中显示内容为 abc　abc

4. 语句段如下：

```
Dim blnX As Boolean = -1
Dim intX As Integer = True
TextBox1.Text = "blnX=" & blnX & "   " & "intX=" & intX
```

上述语句运行结果为（　　）。

 A．运行时显示错误，blnX 变量赋值出错。

 B．运行时显示错误，intX 变量赋值出错。

 C．能正常运行，在 TextBox1 中显示的内容为：blnX=True　intX=-1

 D．能正常运行，在 TextBox1 中显示的内容为：blnX=-1　intX=True

5. 下列属于合法的变量名的是（　　）。

 A．X_yz　　　　　　B．123abc　　　　　　C．Integer　　　　　D．X-Y

6. 下列属于合法的字符串常数的是（　　）。

 A．ABC$　　　　　　B．"ABC"　　　　　　C．'ABC'　　　　　D．ABC

7. 下列属于合法的单精度型变量的是（　　）。

 A．mun!　　　　　　B．Sum%　　　　　　C．xinte&　　　　　D．mm#

8. 表达式 16/4 – 2 ^ 5 * 8/4 Mod 5\2 的值为（　　）。

 A．2　　　　　　　B．4　　　　　　　　C．14　　　　　　　D．20

9. 数学关系表达式 3≤x<10 表示成正确的 VB.NET 表达式为（　　）。

 A．3<=x<10　　　　　　　　　　　B．3<=x And x<10

 C．x>=3 Or x<10　　　　　　　　　D．3<=x And <10

10. \、/、Mod、* 四个算术运算符中，优先级别最低的是（　　）。

 A．\　　　　　　　B．/　　　　　　　　C．Mod　　　　　　D．*

11. 与数学表达式 $\dfrac{ab}{3cd}$ 对应，VB.NET 不正确的表达式是（　　）。

 A．a*b/(3*c*d)　　　B．a/3*b/c/d　　　C．a*b/3/c/d　　　D．a*b/3*c*d

12．Rnd 函数不可能的值是（　　）。

    A．0　　　　　　　B．1　　　　　　　C．0.1234　　　　　D．0.0005

13．Int(198.555*100+0.5)/100 的值是（　　）。

    A．200　　　　　　B．199.6　　　　　C．198.56　　　　　D．198

14．已知 A$="12345678"，则表达式 Val(Mid(A,1,4)+Mid(A,4,2)) 的值为（　　）。

    A．123456　　　　B．123445　　　　C．8　　　　　　　D．6

15．表达式 Len("123 程序设计 ABC") 的值是（　　）。

    A．10　　　　　　B．14　　　　　　C．17　　　　　　D．20

16．语句 Dim a%=123+Mid("123456",3,2) 执行后，a 变量中的值是（　　）。

    A．"12334"　　　B．123　　　　　　C．12334　　　　　D．157

17．变量 A% 的类型是（　　）。

    A．Integer　　　　B．Single　　　　C．String　　　　D．Boolean

18．下列的运算符中，关系运算符是（　　）。

    A．Not　　　　　B．Mod　　　　　C．<>　　　　　　D．&

19．用于获取字符串长度的函数是（　　）。

    A．Len( )　　　　B．Length( )　　　C．Strlen( )　　　D．Lofo( )

20．下列数据中是布尔常量的是（　　）。

    A．123　　　　　　B．not　　　　　C．True　　　　　D．xyz

21．表达式 2 + 3 * 4 ^ 5 − Sin(x + 1) / 2 中最先进行的运算是（　　）。

    A．4^5　　　　　B．3*4　　　　　C．x+1　　　　　D．Sin

22．有如下两个表达式。

表达式 1："235" > "59"；

表达式 2：Not TRUE And FALSE。

下列描述正确的是（　　）。

    A．表达式 1 和表达式 2 的值均为 True

    B．表达式 1 和表达式 2 的值均为 False

    C．表达式 1 的值为 True，表达式 2 的值为 False

    D．表达式 1 的值为 False，表达式 2 的值为 True

23．表达式 21 / 3 − 2 ^ 4 * 90 / 30 Mod 5 \ 2 + Int(−9.2) 的运算结果为（　　）。

    A．−2　　　　　　B．−3　　　　　C．−482　　　　　D．−483

24．如果变量 a=2、b="abc"、c="acd"、d=5，则表达式 a<d Or b>c And b<>c 的值为（　　）。

    A．True　　　　　B．False　　　　C．Yes　　　　　D．No

25．选拔身高 T 超过 1.7m 且体重 W 小于 62.5kg 的人，表示该条件的表达式为（　　）。

    A．T <= 1.7 And W >= 62.5　　　　　B．T > 1.7 Or W < 62.5

    C．T > 1.7 And W < 62.5　　　　　D．T <= 1.7 Or W >= 62.5

26．要使变量 x 赋值为 1～100（含 1，不含 100）的一个随机整数，正确的语句是（　　）。

    A．x=Int(100*Rnd( ))　　　　　B．x=Int(101*Rnd( ))

C．x=1+Int(100*Rnd( ))   D．x=1+Int(99*Rnd( ))

27．表达式 Strings.InStr(4, "abcdefabcdefab", "ab")的运算结果为（   ）。

A．0   B．1   C．6   D．7

28．执行下列语句后，变量 x 的值为（   ）。

```
Dim x As Boolean = True
x = ("DOG"="dog")
```

A．True   B．False   C．DOG   D．dog

二、填空题

1．在 VB 中，用 Dim X As Integer 语句定义的变量 X，系统默认其值为_____。

2．整型变量在默认情况下会被初始化 0，逻辑型变量在默认情况下会被初始化为_____。

3．执行 Dim a%="123" +123 + False   语句后，变量 a 的值是_____。

4．语句 Dim a$="Visual"+"Basic"执行后，变量 a 的值是_____。

5．执行语句 Dim a%="123"+ 100 + True 后，变量 a 的值是_____。

6．表达式 $\sqrt[3]{\dfrac{x-3}{2y-x}}$ 用 VB.NET 算术表达式表示为_____。

7．表达式 Math.Round(468.456, 1)的运算结果为_____。

8．产生 "a"～"f" 范围内的一个小写字母，并转换为大写字母，写出对应的表达式：_____。

9．"a 能被 5 和 7 整除"，用 VB.NET 写出对应的表达式：_____。

10．数学关系 8≤x<30 表示成正确的 VB 表达式为_____。

11．"x 是小于 100 的非负数"，用 VB.NET 写出对应的表达式：_____。

12．Fix(−3.2)+Int(−2.4)的值为_____。

13．表达式 Len（"Visual"）−Len（"BASIC"）的值是_____。

14．函数 Len(Lcase("abcDEF"))的值是_____。

6

数据的处理

【知识点搜索树】

章节号　知识点（主教材页码：P；知识点号：#）

【学习要求】

1. 掌握程序设计的方法。
2. 掌握赋值语句的使用方法。
3. 掌握 MsgBox 函数的使用方法。

4. 掌握分支处理 If 语句。

5. 了解分支处理 Select Case 语句。

6. 掌握循环处理 For…Next 语句及 Do…Loop 语句。

7. 掌握多重循环语句的使用方法。

8. 了解注释语句、Exit 退出语句和 End 结束语句。

6.1　知识要点

1. 赋值语句的格式

格式：

　　变量名 = 表达式

或

　　对象名.属性名 = 表达式

赋值语句的作用是先计算赋值号右边表达式的值，然后将值赋给赋值号左边的变量或对象属性。例如：

```
Dim sglX As Single
sglX = TextBox1.Text    '将在文本框 TextBox1 中的文本内容转换成数值类型赋值给 sglX
sglX = sglX*1.1
TextBox1.Text = sglX    '将 sglX 的值转换成文本内容赋值给 TextBox1 的 Text 属性。效果
                        '是在 TextBox1 中显示 sglX 的数值内容
```

2. 赋值语句中的转换规则

赋值语句的转换规则统一的描述为赋值号右边的表达式计算的结果，强制转换成赋值号左边的变量/属性的数据类型，如果转换不成功，则显示出错信息。

3. 赋值语句的应用

（1）赋值语句的常见应用

Sum = Sum + X　　　'求累加

n = n + 1　　　　　'n 作为计数器

T = T * X　　　　　'进行连续乘

（2）复合赋值运算符的使用

常见的复合赋值运算符有+=、−=、*=、/=、&=。例如：Sum+=X 等价于 Sum=Sum+X，T−=X 等价于 T=T−X，Str1 &= TextBox1.Text 等价于 Str1=Str1 & TextBox1.Text。

4. MsgBox 函数

格式：

```
MsgBox(Prompt[, Buttons] [, Title])
```

功能：在屏幕上显示一个消息对话框，并给出可选按钮，该函数有返回值，为用户单击的按钮对应的数值，应用程序可根据返回的数值编程确定其后的操作。

参数说明：

1）Prompt 用来显示消息框的提示信息，为必选参数，要求为字符串数据类型。

2）Buttons 用于指定显示哪些按钮、使用的图标样式，以及默认按钮等，为可选参数。指定按钮、图标及默认按钮时均可以使用系统定义的对应符号常量，也可使用它们各自对应的数值。如果省略 Buttons，则其默认值为 0。

3）Title 用于设置消息框标题栏中显示的字符串，为可选参数。省略该参数时，VB.NET 将把项目名称放在标题栏中。

常用方式：使用 MsgBox 函数作为结果输出。此时通常只含有第一个参数。对于第一个参数，为了使输出结果更易读懂，通常使用连词表达式（即使用连词运算符进行连词运算），以便将结果说明内容一并显示。

例如：对于 MsgBox("a+b 的结果为" & (a+b))，括号中的表达式"a+b 的结果为" & (a+b)，是使用连词运算符&的连词表达式。它首先计算算术表达式 a+b，再将字符串"a+b 的结果为"和 a+b 运算的结果连接在一起。该表达式的结果是一个字符串，作为 MsgBox 函数的第一个参数。

5. If 语句

本部分知识点包括 If 单分支结构、If 双分支结构、If 多分支结构、IIf 函数及 If 语句的嵌套。

（1）If 单分支结构

If 单分支结构的表示方法有多行形式和单行形式两种。

多行形式格式：

```
If  表达式   Then
          语句块
End If
```

单行形式格式：

```
If   表达式   Then   语句块
```

例如：

```
If  Sum > 100 Then MsgBox("Sum=" & Sum)
```

上述语句等价于:

```
If Sum>100 then
     MsgBox("Sum=" & Sum)
End If
```

(2) If 双分支结构

双分支结构也有多行形式和单行形式两种。

多行形式格式:

```
If 表达式    Then
          语句块 1
Else
          语句块 2
End If
```

单行形式格式:

```
If 表达式 Then 语句块 1 Else 语句块 2
```

例如:

```
If X > y Then MsgBox("x>y") Else MsgBox("x<=y")
```

上述语句等价于:

```
If X > y Then
     MsgBox("x>y")
Else
     MsgBox("x<=y")
End If
```

(3) If 多分支结构

格式:

```
If  表达式 1  Then
     语句块 1
ElseIf 表达式 2  Then
     语句块 2
…
ElseIf 表达式 n  Then
     语句块 n
 [Else
     语句块 n+1]
End If
```

其中,Else 子句的功能是:如果上述表达式描述的情况均不满足,则执行 Else 子句的语句块。Else 子句是否需要写，需根据应用的情况加以判断，很多情况下是不用写 Else 子句的。例如：

```
If sglSum >= 3000 Then
  sglPay = sglSum*0.7
ElseIf sglSum >= 2000 Then
  sglPay = sglSum * 0.8
ElseIf sglSum >= 1000 Then
  sglPay = sglSum * 0.9
Else          'sglSum 的值<1000 时,执行 Else 子句中的语句块
  sglPay = sglSum
End If
```

（4）If 语句的嵌套

If 语句的嵌套是指 If 或 Else 后面的语句块中又包含 If 语句。例如：

```
If  表达式1  Then
    If  表达式2 Then
    …
    Else
    …
    End If
Else
    …
End If
```

6. IIf 函数

格式：

```
IIf(表达式,TruePart,FalsePart)
```

功能：如果表达式的值为真，则返回值为 TruePart 的值；否则返回 FalsePart 部分的值。

使用方法：

```
变量= IIf(表达式,TruePart,FalsePart)
```

例如，将 x、y 中较大的数放入 Tmax 变量中，用 IIf 函数实现如下：

```
Tmax = IIf(x > y,x,y)
```

该语句与下面的 If 双分支结构等效：

```
If  x% > y% Then Tmax% = x Else Tmax% = y
```

7. For…Next 语句

格式：

```
For 循环控制变量 = 初值 To 终值    [Step 步长 ]
    语句块
[Exit For]
    语句块
Next [循环控制变量 ]
```

例如，求 100～999 之间奇数的和

```
Dim i%,Sum%
Sum = 0
For i = 101 To 999 Step 2  ' 或者写成 For i=999 To 100 Step -2
    Sum += i
Next
MsgBox("100～999 之间奇数的和为"  & Sum)
```

例如，使用 Exit For 退出 For 循环

```
For i = 1 To 1000 Step 2
    Sum += i
    If Sum>=1000 then
       MsgBox("Sum=" & Sum & "i=" & i)
       Exit For    ' Sum>=1000时,执行上面的MsgBox语句,然后退出For循环,执行Next
                    '语句之后的语句
    End If
Next
MsgBox("For 循环执行结束")
```

8. Do…Loop 语句

根据循环终止/继续的条件的放置位置及计算方式，Do 循环有以下几种格式。
格式 1：

```
Do [{While|Until}<条件>]       '先判断条件,后执行循环体
    循环体
Loop
```

格式 2：

```
Do                             '先执行循环体,后判断条件
    循环体
Loop [{While|Until}<条件>]
```

1）循环终止条件使用 Until 关键字，此时，条件为真时结束循环，转至 Do…Loop 循环语句后续的语句执行。

在主教材折纸的例子中，终止循环的条件为 sglThick 的值大于 8848*1000 时，循环终止。故 Until 关键字的使用方法为 Until sglThick>8848*1000。

2）循环继续条件使用 While 关键字，此时，条件为真时继续执行循环体。

在主教材折纸的例子中，继续循环的条件为 sglThick 的值小于等于 8848*1000 时，循环继续。故 While 关键字的使用方法为 While sglThick<=8848*1000。

3）如在循环体中，需要跳出循环，使用"Exit Do"语句，则会跳出 Do…Loop 循环语句，执行后续的语句。

9. 注释语句

注释语句用于对程序段或语句的说明。如果是整行被注释，则该行被注释的语句在程序运行时不执行。注释方法有如下两种。

1）以 REM 开头。需放在语句开始部分，为对语句整行注释。

2）用英文标点的单引号" ' "，既可放置于语句开始部分，也可在语句后使用单引号进行注释说明。

两种注释方式的举例如下：

```
Form2.Show()    '调用 Show 方法,显示窗体
REM 调用 Show 方法,显示窗体
'调用 Show 方法,显示窗体 Form3
Form3.Show()
```

6.2　常见错误和重难点分析

1. 问题分析

针对具体问题，通过问题分析的步骤，需要得到解题的方法和具体步骤。这也是将问题转换为使用程序设计语言要解决的第一步。

通常在问题分析阶段，需要按照下面三步来思考。

第一步：数据输入。

思考问题中有哪些数据是需要输入的，进一步思考以哪种方式输入数据。例如，是通过文本框输入，还是程序中给变量赋值。

第二步：逻辑处理。

思考针对输入的数据，要进行处理的步骤。通常这个步骤可以将程序分为大的几个部分，然后在每个部分详细细化步骤，这就为进一步转换成逻辑处理的语句做好了准备。

第三步：结果输出。

思考哪些处理的结果需要输出以及输出的方式。例如，是通过文本框、标签来输出，还是通过消息对话框输出。

2. 应用程序的界面设计

根据问题分析的内容，进一步设计应用程序界面。

通常应用程序界面设计需要考虑以下内容：

1）哪些数据需要通过界面上的控件对象输入。需要在界面上设计用于输入的控件（如文本框控件），以及用于显示提示信息的相关控件（如标签控件）。

2）哪些数据需要通过界面显示输出。需要在界面上设计用于显示输出的控件（如文本框控件或标签控件），以及用于显示输出提示信息的控件（如标签控件）。

3）需要使用发生在哪些控件对象上的事件，以触发代码的执行。需要在界面上设计用于引发事件的控件对象（如按钮对象等）。

3. 应用程序代码设计

应用程序的代码设计分为三步。

第一步：设计事件过程。首先选择控件对象及事件，然后进一步设计事件要实现的功能。

第二步：对事件要实现的功能，分成大的子功能步骤。可采取画流程图的方式设计分析。

第三步：对第二步得到的子功能步骤/流程图，进一步细化成每一条语句（或伪代码语句）功能，然后进一步用代码实现。

4. 赋值语句的写法

1）下列均为错误的赋值语句：

```
a + b = 2            '错误,赋值号左边不能是表达式
sin(x)= a + b        '错误,赋值号左边不能是函数调用表达式
3 = x + y            '错误,赋值号左边不能是常量
```

2）如果需要在文本框中显示变量 a 的值，用：

```
TextBox1.Text = a
```

如果需要变量 a 从文本框中获取值，用：

```
a = TextBox1.Text
```

3）一条赋值语句只能为一个变量（或对象的属性）赋值。

如要对 x、y、z 三个变量赋初值 1，必须分别写三条赋值语句，给三个变量分别赋值。下列写法不能正确给 x、y、z 三个变量赋值：

```
Dim x% , y% , z%
x = y = z = 1        '这种写法不能使得变量 x、y、z 的值均为 1
```

执行该语句前 x、y 和 z 变量的默认值为 0。VB.Net 在编译时，将最左边的一个 "=" 作为

赋值运算符处理；赋值语句的赋值号左边为变量 x 赋值号右边是表达式 y=z=1，这是一个关系运算表达式。故该语句仅能给变量 x 赋值。变量 y 和 z 仅参与赋值语句赋值号右边的表达式的运算，它们的值不会有任何改变。

执行表达式 y=z=1 时，按从左到右顺序进行关系运算。先进行关系运算 y=z，结果为 True。接着将 y=z 的结果 True 和 1 进行比较，即执行关系运算 True=1，结果为 False。故表达式 y=z=1 的结果为 False。

最后根据该赋值语句，将表达式 x=y=z 的结果 False 赋值给赋值语句赋值号左边的变量 x。由于 x 是整型，故将 False 强制转换成 0，赋值给 x。

因此最后三个变量中的值仍旧都为 0。

5. 常见错误——数据类型转换错误

在编程过程中，往往需要从文本框中获取输入的值赋值给整型或其他数值型变量，此时往往容易产生错误。有两种出现错误的情况。

（1）第一种情况

请看如下代码段：

```
Private Sub Button1_Click(sender As Object, e As EventArgs) Handles
    Button1.Click
    Dim a% = TextBox1.Text
    MsgBox("a=" & a)
End Sub
```

在程序执行时，如果单击 Button1 按钮之前，未在文本框 TextBox1 中输入任何值，则会出现如图 1.6.1 所示的数据类型转换错误"从字符串""到类型"Integer"的转换无效"。

图 1.6.1　第一种情况效果

出现该错误的原因是文本框 TextBox1 中未输入任何字符时，TextBox1.Text 的值为""，即空字符串（注意，不是含有空格的字符串），而空字符串不能转换为 Integer 整型。

修改的方法是对 TextBox1.Text 属性使用 Val 函数之后，赋值给数值型变量。当 TextBox1.Text 的值为空字符串时，Val 函数将空字符串转换为数值 0。代码如下所示：

```
Dim a% = Val(TextBox1.Text)
```

（2）第二种情况

请看如下代码段：

```
Private Sub Form1_Load(sender As Object, e As EventArgs) Handles Me.Load
    Dim a% = TextBox1.Text
    MsgBox("a=" & a)
End Sub
```

上述代码段与第一种情况的代码段是相同的，不同处在于代码处于的事件过程不一样。此处代码位于 Form1 的 Load 事件。该事件是应用程序载入内存时即开始执行，也就是说，该事件在应用程序界面完全显示之前即开始执行。如果文本框 TextBox1 在界面设计时未给其 Text 属性设置初始值，即 TextBox1.Text 的值为空字符串，则会出现与图 1.6.1 一样的错误信息，如图 1.6.2 所示。

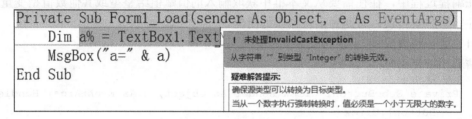

图 1.6.2　第二种情况效果

此时问题的修改方法同上，将 TextBox1.Text 属性使用 Val 函数之后，赋值给数值型变量。

思考： 本错误示例的代码中，如果文本框的内容是赋值给一个字符串变量 a，是否会发生图 1.6.1 和图 1.6.2 所示的错误？

6. 复合赋值运算符的运算方法

常见的复合赋值运算符有+=、-=、*=、/=、&=。

可使用复合赋值运算符构成的赋值语句给变量赋值，其通用格式如下：

> 变量 复合赋值运算符　表达式

对于使用复合赋值运算符构成的赋值语句，首先计算复合赋值运算符右边的表达式的结果，然后使用复合赋值运算符进行计算。例如：

```
Dim intX% = 2
intX *= Val(TextBox1.Text)+30
```

该例子中，首先运算复合赋值运算符*=右边的表达式 Val(TextBox1.Text)+30 的值，然后再将该值与复合赋值运算符*=左边的变量 intX 的值相乘，并将结果赋值给变量 intX。

如果在 TextBox1 中输入字符串 10，运算时，先计算表达式 Val(TextBox1.Text)+30 的值，为 40，再计算 intX*40 的值，为 80，然后将该值赋给变量 intX。

7. If语句的嵌套

在很多应用中，需要使用嵌套If语句来解决应用问题。

例如：从三个文本框中输入三个数值，分别赋给变量A，B，C。假设三个数值不相等，请找出这三个数中的最大数，并使用消息框显示。

设计与分析：找出三个变量中最大值的过程如图1.6.3所示。

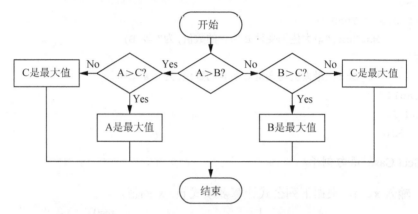

图1.6.3　找出三个变量中最大值的过程示意图

通过图1.6.3可以看出，寻找三个变量的最大值的过程，可以转换为多次两两比较，找出大数的过程。具体的步骤如下。

步骤1：变量A与变量B比较，找出数值大的变量。这一步使用If双分支结构来实现。语句如下。

```
If  A > B  Then
   'A和B中的最大值为A
Else
   'A和B中的最大值为B
End IF
```

步骤2：如果步骤1的结果为A，即A和B中的最大值为A，则将A和C比较，两者中较大的数就是三个数中数值最大的。这一步的If双分支结构将嵌入在步骤1的If双分支结构中的Then子句中。

步骤3：如果步骤1的结果为B，即A和B中的最大值为B，则将B和C比较，两者中较大的数就是三个数中数值最大的。这一步的If双分支结构将嵌入在步骤1的If双分支结构中的Else子句中。

编制事件过程Button1_Click如下。

```
Private Sub Button1_Click(sender As Object, e As EventArgs) Handles
   Button1.Click
   Dim A!, B!, C!
   A = TextBox1.Text :B = TextBox2.Text :C = TextBox3.Text
```

```
If A > B Then
 If A > C Then
        MsgBox("最大值为变量 A 所含的数值,为" & A)
 Else
        MsgBox("最大值为变量 C 所含的数值,为" & C)
 EndIf
Else
 If B > C Then
        MsgBox("最大值为变量 B 所含的数值,为" & B)
 Else
        MsgBox("最大值为变量 C 所含的数值,为" & C)
 EndIf
End If
End Sub
```

8. Select Case 语句例子

例如：输入 x、n，根据下列公式计算多项式 p(n,x)的值。

$$p(n,x)=\begin{cases} 1 & n=0 \\ x & n=1 \\ (3x^2-1)/2 & n=2 \\ (5x^2-3)\cdot x/2 & n=3 \\ ((35x^2-30)\cdot x^2+3)/8 & n=4 \end{cases}$$

设计与分析：针对 n 的值，使用 Select 语句对 n 取值情况进行分支。
编制事件过程 Button1_Click 如下：

```
Private Sub Button1_Click(sender As Object, e As EventArgs) Handles
    Button1.Click
    Dim sglX!, sglP!, intN%
    'sglX 代表变量 x,sglP 代表多项式 p(n,x)的值,intN 代表变量 n
    sglX = txtX.Text
    intN = txtN.Text
    Select Case intN
        Case 0
            sglP = 1
        Case 1
            sglP = sglX
        Case 2
            sglP = (3 * sglX * sglX - 1) / 2
        Case 3
            sglP = (5 * sglX * sglX - 3) * sglX / 2
        Case 4
```

```
        sglP = ((35 * sglX * sglX - 30) * sglX * sglX + 3) / 8
      Case Else
        MsgBox("intN 值超出范围(0-4)")    '当所有条件都不满足时执行此语句
    End Select
    If intN >= 0 And intN <= 4 Then MsgBox("结果为" & sglP)
  End Sub
```

9. 如何使用循环结构解决实际问题

在数学及某些应用中，存在需要不断重复执行的步骤，此时考虑使用循环结构解决问题。

常用的 VB.NET 循环结构有两种：For…Next 语句和 Do…Loop 语句。如果循环的次数已知，或者知道循环变量初始值和终止值，使用 For…Next 语句较为方便；否则就需要使用 Do…Loop 语句。

针对具体问题时，在决定了使用 For…Next 语句和 Do…Loop 语句中的哪种循环语句来实现循环之后，需要分别针对它们的语法结构来进一步分析。

（1）For…Next 循环结构的使用

对于 For…Next 循环结构，在使用过程中需要分析以下几点：

1）谁是控制循环的循环变量。它必须是一个变量，不能为表达式。

2）循环变量的初值。

3）循环变量每次变化的值，即步长。

4）循环变量的终止值（即循环结束时循环变量的值）。

5）循环体内的语句。将要循环执行的步骤用编程语句展现。

明确上述 5 点后，就可以快速写出 For…Next 循环结构。

（2）Do…Loop 循环结构的使用

对于 Do…Loop 循环结构，在使用过程中需要分析以下几点：

1）谁用来控制循环。它可以是一个变量，也可以是含有变量的表达式。

2）循环结束的条件（或循环继续的条件）。

3）循环执行之前初始条件，即在开始循环之前对于根据具体的应用情况设置一些初始值。

4）循环体内的语句。这往往是需要了解循环执行过程中，哪些值会不断有规律性的变化，进一步使用编程语句来实现。

需要注意的是，所有可以用 For…Next 语句实现的循环，都可以使用 Do…Loop 语句来实现；反过来则不成立，即用 Do…Loop 语句实现的循环不一定能使用 For…Next 语句来实现。

下面通过例子来进一步理解两种循环结构的使用方法。

例如：假设某人从今年开始为"希望工程"捐款，第一个月存入 1 元钱，第二个月份存入 2 元钱，第三个月存入 4 元……以此类推，每个月都以前一个月的倍数存入，请编程计算两年时间里将为"希望工程"存入多少钱？

设计与分析：

方法 1：本例子中，每月捐款金额是前一个月捐款的一倍，总共捐款两年。故循环次数已知，用 For…Next 循环语句。进一步分析以下几点。

1）谁是控制循环的循环变量。循环变量为捐款的月数，定义其为整型变量 i。

2）循环变量的初值。从第一个月开始存钱，故变量 i 初始值为 1。

3）循环变量每次变化的值，即步长。每次 i 的值加 1，故步长为 1。

4）循环变量的终止值（即循环结束时循环变量的值）。题目要求计算两年时间共捐款金额数。循环结束时，总月数为 12*2=24。故循环变量 i 的终止值为 24。

5）循环体内的语句。将要循环执行的步骤用编程语句展现。

假设每个月捐款数为整型变量 intMoney，到每个月为止的捐款总金额为整型变量 intSum。显然，intSum 初始值为 0。根据题意有第一个月存入 1 元钱，第二个月份存入 2 元钱，第三个月存入 4 元……以此类推，每个月都以前一个月的倍数存入。所以 intSum 初始值为 0，即 intSum=0。

i=1 时，第一个月，捐款数 intMoney=1。此时总捐款数为已有捐款数加上当月捐款数：intSum=intSum+intMoney=1。

i=2 时，第二个月，intMoney 为第一个月捐款数值乘 2，故 intMoney=intMoney*2=2。此时总捐款数为已有捐款数加上当月捐款数：intSum=intSum+intMoney=3。

i=3 时，第三个月，intMoney 为第二个月捐款值乘 2，故 intMoney=intMoney*2=4。此时总捐款数为已有捐款数加上当月捐款数：intSum=intSum+intMoney=7。

……

所以

1）每个月的当前总捐款数为已有捐款数加上当月捐款数：intSum=intSum+intMoney。

2）每增加 1 个月，即 i 值每增加 1 时，intMoney 为上一个月 intMoney 的值乘 2。故循环体内语句为 intMoney=intMoney*2。

上述两条语句即循环体内的语句。

注意：这两条语句的先后次序需要仔细考虑。

根据上述分析，编制事件过程 Button1_Click 如下。

```
Private Sub Button1_Click(sender As Object, e As EventArgs) Handles
    Button1.Click
    Dim i%, intMoney%, intSum%
    intSum = 0
    intMoney = 1
    For i = 1 To 24
        intSum = intSum + intMoney    '截止到 i 当前值时的总捐款金额
        intMoney = intMoney * 2       '当前 i 值的下一个月的捐款数
        '思考，上述两条语句是否能够颠倒先后次序
    Next
    MsgBox("两年总捐款数为" & intSum)
```

End Sub

方法 2：所有的 For…Next 语句均可以使用 Do…Loop 语句来实现。针对本题，使用 Do…Loop 循环结构，需要分析以下问题（变量使用前面 For…Next 语句相同的变量）：

1）谁用来控制循环。用来控制循环的为月数，用整型变量 i 表示。

2）循环结束的条件（或循环继续的条件）。循环结束的条件是 i 的值>24（或循环继续的条件是 i 的值≤24），即两年以内不断循环，超过两年则结束循环。

3）循环执行之前初始条件。循环执行之前，intSum 取值为 0；i 的值取第一个月，即 i=1 时，intMoney 的初值为 1。

4）循环体内的语句。往往需要了解循环执行过程中，哪些值会不断有规律性的变化，进一步使用编程语句来实现。

根据前面的分析，循环体内的语句如下：

```
intSum = intSum + intMoney    '截止到 i 当前值时的总捐款金额
i=i+1                         '月份增加1
intMoney = intMoney * 2       '当前 i 值的下一个月的捐款数
```

故使用 Do…Loop 结构实现题意的编码如下：

```
Private Sub Button2_Click(sender As Object, e As EventArgs) Handles
    Button2.Click
    Dim i%, intMoney%, intSum%
    intSum = 0
    intMoney = 1
    Do Until i >= 24
        intSum = intSum + intMoney    '截止到 i 当前值时的总捐款金额
        i = i + 1                     '当前月数加1
        intMoney = intMoney * 2       '当前 i 值的下一个月的捐款数
    Loop
    MsgBox("两年总捐款数为" & intSum)
End Sub
```

例如：求自然对数的底 e 的公式如下，请使用该公式求出其近似值，要求误差小于 0.00001。

$$e = 1 + \frac{1}{1!} + \frac{1}{2!} + \frac{1}{3!} + \cdots + \frac{1}{n!} + \cdots = \sum_{i=0}^{\infty} \frac{1}{i!} \approx 1 + \sum_{i=1}^{n} \frac{1}{i!}$$

设计与分析：本例子中，自然对数的底 e 的计算结果是每项累加之和。

变量说明：

1）使用单精度型变量 ee 代表自然对数的底 e，其初值为 0。

2）每项写为 1/t，其中分母 t 为长整型变量。

推导过程：

分析分母 t。

第一项为 0!=1，令 t 初值=1。增设一个变量 i，其初值取 0。

第二项为 1!=1*0!，t=1*t，i=i+1=1，t=i*t。

第三项为 2!=2*1!，t=2*t，i=i+1=2，t=i*t。

第四项为 3!=3*2!，t=3*t，i=i+1=3，t=i*t。

······

第 k 项：(k-1)! =(k-1)*t。

可以看到，上述分析过程中，变量 i 逐次加 1，但是无法得知变量 i 到何时结束，因此，不能使用 For···Next 循环语句。

本题给出终止条件是误差小于 0.00001，即 1/t<0.00001 时，循环终止，故可以使用 Do···Loop 循环。需要分析以下问题。

1）谁用来控制循环。用每项的值，即 1/t 的值来控制循环。

2）循环结束的条件（或循环继续的条件）。循环结束的条件是误差小于 0.00001，即 1/t<0.00001 时，循环终止。

3）循环执行之前初始条件。循环执行之前，i 取值为 0；ee 初值为 0，t 初值为 1。

4）循环体内的语句。往往需要了解循环执行过程中，哪些值会不断有规律性的变化，进一步使用编程语句来实现。

根据前面的分析，循环体内的语句如下：

```
ee = ee + 1 / t        '累加、连乘
i = i + 1              '为下一做做准备
t = t * i              '求阶乘
```

故使用 Do···Loop 结构实现题意的编码如下：

```
Private Sub Form1_Click(···) Handles Me.Click
    Dim i%, n&, t!, ee!
    ee = 0                     'ee 存放累加和
    i = 0 : t = 1              'i 为计数器,t 为第 i 项的值
    Do Until 1/t<0.00001       '或 Do While 1 /t>=0.00001
        ee = ee + 1 / t        '累加、连乘
        i = i + 1              '为下一项做准备
        t = t * i              '求阶乘
    Loop
    MsgBox("计算了 " & i & "项的和是 " & ee)
End Sub
```

10. 循环控制变量的值

通过下面的语句块代码，思考循环控制变量最后使用 MsgBox 显示出来的值为多少。例如：

```
1       Dim i%, sum%
2       For i = 1 To 3 Step 1
```

```
3        sum = sum + i
4     Next
5     MsgBox("i=" & i)
```

在该语块中，循环控制变量变化的值如下。

第 1 次：i=1；执行循环体；执行 Next 语句，i=i+1（步长）=2，表达式 2<=3 结果为 True，继续执行循环。

第 2 次：执行循环体；执行 Next 语句，i=i+1（步长）=3，表达式 3<=3 结果为 True，继续执行循环。

第 3 次：执行循环体；执行 Next 语句，i=i+1（步长）=4，表达式 4<=3 结果为 False，跳出循环体。

可以看到，跳出上述循环语句时，变量 i 的值为 4。故使用 MsgBox 显示的结果为 i=4。

在 For…Next 结构中，当循环执行完毕，跳出循环体时，循环控制变量的值为最后一次循环执行时该变量的值加步长。

注意：这里指的是正常循环执行完跳出，不包括用 Exit For 语句跳出的情况。

思考下列语句的执行完毕后用 MsgBox 函数显示的循环控制变量 i 的值：

语句 1：
```
For i = 1 To 5 Step 2
    MsgBox("第" & i & "次执行循环体")
Next
    MsgBox("i=" & i)
```

语句 2：
```
For i = 1 To 5 Step 2
    MsgBox("第" & i & "次执行循环体")
    i = i + 3
Next
    MsgBox("i=" & i)
```

语句 3：
```
For i = 1 To 5 Step 2
    MsgBox("第" & i & "次执行循环体")
    If i >= 2 Then Exit For
Next
    MsgBox("i=" & i)
```

语句 4：
```
For i=1 to 8 Step 2
    i=i+3
Next
    MsgBox("i=" & i)
```

11. 死循环

在循环语句中，如果设置的循环条件不合适，就可能造成循环体不断执行，永不停止，即死循环的情况。例如：

```
Dim  i%,Sum%
Do Until i < 0  '或Do While i >= 0
    Sum += i
    i+=1
Loop
```

在上例中，由于 i 的初始值为 0，经 Until i<0 或 While i>=0 检测，符合执行循环体的条件，进入循环体，循环体执行时，会将 i 的值加 1，下一次检测循环条件时会发现仍旧符合循环继续条件，这种情况会周而复始，即每次检测循环执行满足的条件时，会一直满足，使得循环体不断执行，构成死循环。例如：

```
Dim  i%,Sum%
Do
    Sum += i
    i += 1
Loop While i >= 0  '或 Loop Until i < 0
```

在上例中，i 的初始值为 0，第一次直接执行循环体，使得 i 的值加 1，变为 1，然后检测循环能否继续进行，经检测循环能持续进行，之后每次执行循环体，i 值均加 1，检测循环持续执行条件依旧满足，故产生死循环。

12. String.Format 方法——输出格式的对齐

例如：单击窗体，在标签上显示九九乘法表，如图 1.6.4 所示。

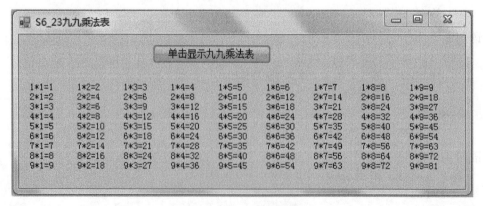

图 1.6.4　九九乘法表

编制事件过程 Button1_Click 如下。

```
Private Sub Button1_Click(sender As Object, e As EventArgs) Handles
```

```
Button1.Click
Dim j As Integer, i As Integer
Dim s As String
For i = 1 To 9
   For j = 1 To 9
      s &= i & "*" & j & "=" & String.Format("{0,-6}", i * j)
   Next j
      s = s & vbCrLf    'vbCrLf 用来控制换行
Next i
Label1.Text = s
End Sub
```

上述 Format 方法有两个参数。第一个参数为字符串"{0,-6}"，用于说明输出的格式。第二个参数为 i*j，表达式结果为数值类型。其含义是使用第一个参数规范第二个参数（即计算的结果）的显示效果。第一个参数花括号中的 0 表示索引号为 0 的表达式的计算结果，即第二个参数 i*j 计算的结果；-6 表示对齐的格式，负号表示左对齐，6 表示给第二个参数 i*j 的结果共 6 个字符位置。此处，如果无负号，则表示右对齐。

6.3　测　试　题

一、单选题

1. 下列正确的赋值语句是（　　）。

   A．x+y=30　　　　　B．.y=∏*r*r　　　　　C．y=x+30　　　　　D．3y=x

2. 为了给 x、y、z 三个变量赋初值 1，下面正确的赋值语句是（　　）。

   A．x=1:y=1:z=1　　　　　　　　　　B．x=1, y=1, z=1

   C．x=y=z=1　　　　　　　　　　　D．xyz=1

3. 已知 a=12，b=20，复合赋值语句 a *= b + 10 执行后，a 变量中的值是（　　）。

   A．30　　　　　　　B．50　　　　　　C．250　　　　　　D．360

4. 有如下语句段：

   ```
   Dim intA% = 2, intB! = 10
   intA += intB * 2
   MsgBox(intA)
   ```

   语句段执行后，消息框中弹出的结果为（　　）。

   A．20　　　　　　　B．22　　　　　　C．24　　　　　　D．40

5. 有如下语句段：

```
Dim sglA! = 80, sglB! = 20
sglA /= sglB + 30
MsgBox(sglA)
```

语句段执行后，消息框中弹出的结果为（　　）。

    A．0.625   B．1.6   C．30.25   D．34

6. MsgBox 函数的返回值是（　　）。

    A．整型   B．字符串

    C．对象型   D．数值或字符串

7. 对于语句"If x=1 Then y=1"，下列说法正确的是（　　）。

    A．"x=1"和"y=1"均为赋值语句

    B．"x=1"和"y=1"均为关系表达式

    C．"x=1"为关系表达式，"y=1"为赋值语句

    D．"x=1"为赋值语句，"y=1"为关系表达式

8. 下列程序运行后消息对话框显示的结果是（　　）。

```
Dim x%, y%
x = Int(Rnd()) + 3
If x ^ 2 > 8 Then y = x ^ 2 + 1
If x ^ 2 = 9 Then y = x ^ 2 - 2
If x ^ 2 < 8 Then y = x ^ 3
MsgBox(y)
```

    A．10   B．7   C．17   D．27

9. 设 a=1, b=2, c=3, d=4，则表达式 IIf(a<b,c,d)的结果为（　　）。

    A．4   B．3   C．2   D．1

10. 有如下程序段：

```
Dim intResult%, intX%, intY%
intX = 100 : intY = 50
intResult = IIf(intX <= intY, intX * 2, intY - 50)
```

执行该段程序后，intResult 的值为（　　）。

    A．0   B．50   C．100   D．200

11. 计算分段函数值。

$$y = \begin{cases} 0 & x < 0 \\ 1 & 0 \leqslant x < 1 \\ 2 & 1 \leqslant x < 2 \\ 3 & x \geqslant 2 \end{cases}$$

下列程序段正确的是（　　）。

A.
```
If x < 0 Then y = 0
If x < 1 Then y = 1
If x < 2 Then y = 2
If x >= 2 Then y = 3
```

B.
```
If x >= 2 Then y = 3
If x >= 1 Then y = 2
If x > 0 Then y = 1
If x < 0 Then y = 0
```

C.
```
If x < 0 Then
    y = 0
ElseIf x > 0 Then
    y = 1
ElseIf x > 1 Then
    y = 2
Else
    y = 3
End If
```

D.
```
If x >= 2 Then
    y = 3
ElseIf x >= 1 Then
    y = 2
ElseIf x >=0 Then
    y = 1
Else
    y = 0
End If
```

12. 有如下程序段：

```
Dim a%, b%, c%
a = 10 : b = 100 : c = 500
If a < b Then
    If c > a Then
        TextBox1.Text = b
    Else
        TextBox1.Text = c
    End If
Else
    TextBox1.Text = a
End If
```

执行该段程序后，TextBox1 中显示的内容为（　　）。

A. 0　　　　　　　　B. 10　　　　　　　　C. 100　　　　　　　　D. 500

13. 下列程序段执行后，消息对话框显示的结果是（　　）。

```
Dim x%
x = Int(Rnd()) + 5
Select Case x
  Case 5
    MsgBox("优秀")
  Case 4
    MsgBox("良好")
  Case 3
    MsgBox("通过")
  Case Else
```

```
        MsgBox("不通过")
    End    Select
```

A．优秀　　　　　　　B．良好　　　　　　　C．通过　　　　　　　D．不通过

14．有如下程序段：

```
Dim i%, n%
For i = 3 To 20 Step 4
    n = n + 1
Next
MsgBox(i & " " & n)
```

执行该段程序后，消息对话框显示的内容为（　　　）。

A．19　4　　　　　B．19　5　　　　　C．23　4　　　　　D．23　5

15．某人设计了下列程序用于计算并输出 7!（7 的阶乘）：

```
Private Sub Button1_Click(… ) …
    t = 0
    For  k = 7 To 2   Step -1
        t = t * k
    Next
    Print t
End Sub
```

执行程序时，发现结果是错误的。下列修改方案中能够得到正确结果的是（　　　）。

A．把 t=0 改为 t=1

B．把 For k=7 To 2 Step -1 改为 For k=7 To 1 Step -1

C．把 For k=7 To 2 Step -1 改为 For k=1 To 7

D．把 Next 改为 Next k

16．下列这段代码执行后，消息框弹出的结果是（　　　）。

```
Dim I As Integer
For I = 1 To 5
    I += 2
Next I
MsgBox(I)
```

A．5　　　　　　　B．11　　　　　　　C．7　　　　　　　D．10

17．有如下程序段：

```
Dim s%, i%
s = 0
For i = 10 To 50 Step 10
    s = s + i
    If  i = 30  Then
```

```
        Exit For
    End If
Next i
MsgBox("s=" & s & "   i=" & i)
```

执行该段程序后，消息对话框显示的内容为（　　　）。

    A. 60　30   B. 60　50   C. 150　30   D. 150　50

18. 下列程序段的运行结果为（　　　）。

```
Label1.Text = ""
For i = 3 To 1 Step -1
    Label1.Text &= Space(5-i)
    For j = 1 To 2 * i - 1
        Label1.Text &= "*"
    Next j
    Label1.Text &= vbCrLf
Next i
```

    A. *   B. *****   C. *****   D. *****
      ***   ***   ***   ***
    *****   *   *   *

19. 下列程序段能分别正确显示1!、2!、3!、4! 的值的是（　　　）。

```
A. For i = 1 To 4            B. For i = 1 To 4
       n = 1                         For j = 1 To i
       For j = 1 To i                    n = 1
           n = n * j                     n = n * j
       Next j                        Next j
       MsgBox(n)                     MsgBox(n)
   Next i                       Next i

C. n = 1                     D. n = 1
   For i = 1 To 4               j = 1
       For j = 1 To 4           Do While j <= 4
           n = n * j               n = n * j
           MsgBox(n)               MsgBox(n)
       Next j                      j = j + 1
   Next i                       Loop
```

20. 有如下程序段：

```
Dim i%, j%, n%, m%, k%
m = 0 : k = 0
For i = 1 To 5
```

```
        k = k + 1
        n = 0
        For j = 1 To 2
            n = n + 1
            m = m + 1
        Next j
    Next i
    MsgBox(k & " " & n & " " & m)
```

运行该程序代码段后，消息对话框中显示的内容为（　　　）。

　A. 5　10　2　　　　B. 5　10　10　　　C. 5　2　10　　　　D. 5　2　2

21. 下列循环语句中在任何情况下都至少执行一次循环体的是（　　　）。

　A. Do While <条件>
　　　　循环体
　　Loop

　B. For i = 10 to 1 step 1
　　　　循环体
　　Next

　C. Do
　　　　循环体
　　Loop Until <条件>

　D. Do Until <条件>
　　　　循环体
　　Loop

22. 下列循环体能正常结束的是（　　　）。

　A. i = 5
　　Do
　　　i = i + 1
　　Loop Until i < 0

　B. i = 1
　　Do
　　　i = i + 2
　　Loop Until i = 10

　C. i = 10
　　Do
　　　i = i + 1
　　Loop Until i > 0

　D. i = 6
　　Do
　　　i = i - 2
　　Loop Until i = 1

二、填空题

1. VB.NET 中若要产生一消息框，可用_____函数来实现。

2. MsgBox("AAA",1,"BBB")中，标题值为_____。

3. 下列程序运行后输出的结果是_____。

```
Dim x%, y%
x = Int(Rnd()) + 3
If x ^ 2 > 8 Then y = x ^ 2 + 1
If x ^ 2 = 9 Then y = x ^ 2 - 2
If x ^ 2 < 8 Then y = x ^ 3
MsgBox(y)
```

4. 有如下代码段：

```
Private Sub Form_Click()
    Dim A as integer
    A = 200
    If  A <= 100  Then
        A = A * 10
        Tf  A > 1000  Then
            A = A — 10
        Else
            A = A ＋ 10
        Endif
    Else
        A = A / 10
        If  A = 10  Then
            A = A — 10
        Else
            A = A ＋ 10
        End If
    End If
    MsgBox(Str(A))
End Sub
```

运行程序，单击窗体 Form1，消息框中显示的内容为_____。

5. 要使下列 For 语句循环执行 20 次，循环变量的初值应是_____。

```
For k =_____ To -5 Step -2
```

6. 执行下列的程序段后，X 的值为_____。

```
Dim X% = 5
For I = 1 to 10 Step 2
    X = X + I \ 5
Next I
```

7. 下列程序段显示_____个 "*"。

```
Dim i%, j%
For i = 1 To 5
  For j = 2 To i
     MsgBox("*")
  Next j
Next i
```

8. 下列程序段的输出结果是_____。

```
Dim num% = 0
Do While num <= 2
    num = num + 1
Loop
MsgBox(num)
```

9. 有如下程序段:

```
Private Sub Form1_Click(…) Handles Me.Clic
    Dim s As Integer
    Dim m As Integer
    m = 1
    s = 2
    Do
        m = m + 3
        s = s + m
    Loop Until m = 4
    Label1.Text = Str(s)
End Sub
```

运行程序,单击窗体,在下面的 Label1 中显示的内容为_____。

10. 下列程序执行后,在消息框中依次显示的内容是_____。

```
Private Sub Form1_Click(…) Handles Me.Click
    Dim A As Integer, B As Integer, x As Integer
    A = 1
    B = A
    Do Until A >= 5
        x = A * B
        MsgBox(Str(A) & "*" & Str(B) & "="& Str(x))
        A = A + B
        B = B + A
    Loop
End Sub
```

11. 求 100 以内,被 5 整除余 2 的所有正整数。要求在消息对话框中由小至大显示所有正整数,每个正整数之间隔一个空格,每 3 个正整数一行。代码如下:

```
Dim i%
Dim counter%     'counter 用于记录当前符合要求的正整数的个数
Dim s$
'字符串 s 用于将所有符合要求的正整数由小至大存放在其中,
'并且每三个正整数一行
For i = 1 To 100
    ' 检查当前的 i 值是否符合题目要求
```

```
If _____【1】_____ Then
    s = _____【2】_____
    counter = counter + 1
End If
'字符串 s 中每三个正整数则换行
If _____【3】_____ Then
    s = s & vbCrLf
End If
Next
MsgBox(s)
```

12. 要求对输入在 TextBox1 中的数判断是否为素数。

```
Dim n, i As Integer
Dim flag As Boolean    'flag 用于标志 n 是否是素数
flag = _____【1】_____
n = Val(TextBox1.Text)
For i = 2 To _____【2】_____
    If (n Mod i) = 0 Then flag=False : Exit For
Next i
If flag = True Then
    Label1.Text = n & "是素数"
Else
    Label1.Text = n & "不是素数"
End If
```

13. 在窗体上放置一个名称为 Button1 的按钮，有如下程序，此程序的功能是用"辗转相除"法求 m 和 n 的最大公约数，请填空完善程序。

```
Private Sub Button1_Click(…)…
    Dim m%, n%, r%
    m = InputBox("m=")
    n = InputBox("n=")
    r = m Mod n
    Do Until _____【1】_____    ' 给出循环条件
      m = n
      n = r
        _____【2】_____
    Loop
    MsgBox("最大公约数是" & n)
End Sub
```

7 数 组

【知识点搜索树】

章节号　知识点（主教材页码：P；知识点号：#）

7.1　　　数组概述（P171）

　　　　　├── 数组的概念（#1）
　　　　　├── 数组的三要素（#2）
　　　　　│　　　├── 数组名
　　　　　│　　　├── 数组元素的数据类型
　　　　　│　　　└── 维数（秩）
　　　　　├── 数组最大维数的限制（#3）
　　　　　├── 一维数组的概念及逻辑结构（#4）
　　　　　├── 二维数组的概念及逻辑结构（#5）
　　　　　├── 维度（#6）
　　　　　├── 数组大小的计算方法（#7）
　　　　　└── 数组的数据类型（#8）

7.2　　　一维数组（P173）

7.2.1　　├── 一维数组的声明方法及数组元素的使用（四种格式）（P174，#9，#10）

7.2.2　　├── 一维数组的初值设定（P176）
　　　　　│　　　├── 一维数组初值的隐式设定（#11）
　　　　　│　　　└── 一维数组初值的显式设定（#12）

7.2.3　　├── 一维数组的属性与方法（P177）
　　　　　　　　　├── 数组的总大小：Length（#13）
　　　　　　　　　├── 数组的维数：Rank（#14）
　　　　　　　　　├── 获取数组某一维的大小：GetLength（#15）
　　　　　　　　　├── 获取数组某一维的下界：GetLowerBound（#16）
　　　　　　　　　├── 获取数组某一维的上界：GetUpperBound（#17）
　　　　　　　　　├── 求和：Sum（#18）
　　　　　　　　　├── 求平均值：Average（#19）
　　　　　　　　　├── 求最大值：Max（#20）
　　　　　　　　　├── 求最小值：Min（#21）
　　　　　　　　　├── 一维数组元素的查找：Indexof（#22）
　　　　　　　　　├── 一维数组元素的升序排列：Sort（#23）
　　　　　　　　　├── 一维数组元素的倒置（反序）：Reverse（#24）
　　　　　　　　　├── 一维数组元素的降序排列：Sort 和 Reverse 的联合作用（#25）
　　　　　　　　　├── 一维数组大小的更改：Resize（#26）
　　　　　　　　　├── 一维数组元素的复制：Copy（#27）
　　　　　　　　　└── 一维数组元素的清理：Clear（#28）

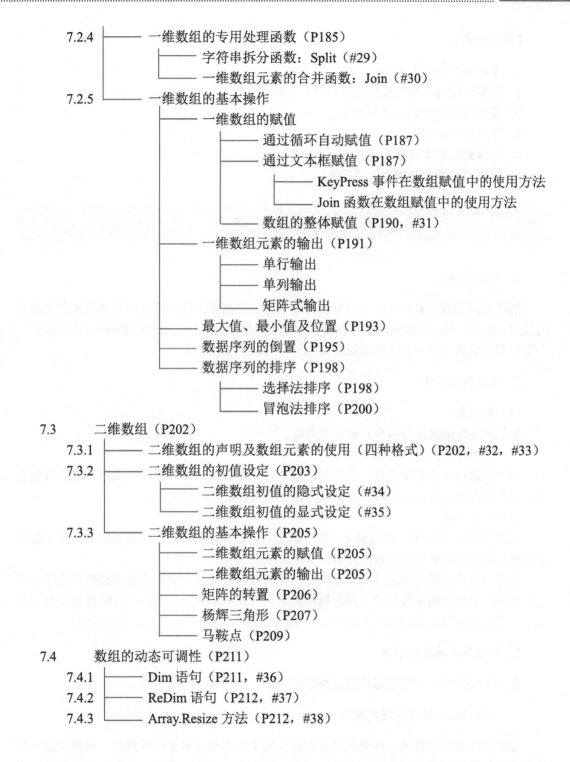

【学习要求】

1. 掌握数组的基本概念。
2. 掌握数组的声明及数组元素的使用方法。
3. 掌握数组对象的属性和方法。
4. 掌握 Array 类的方法。
5. 掌握数组对象的基本操作。
6. 掌握动态数组的概念及使用方法。

7.1 知 识 要 点

1. 数组的概念

数组是同类型元素的有序（这里的有序不是指数据大小的有序，而是指元素在数组中的位置）集合，每一个数组元素可保存一个值类型的数据（如一个整型数据），也可保存一个引用型的数据（如一个结构型数据）。

2. 数组的三要素

（1）数组名
数组名是组成数组的所有元素公共名称。
（2）数组元素的数据类型
每一个数组元素均可保存一个数据，因此，一个数组中可保存多个数据，这些数据必须具有相同的数据类型，而这个数据类型就是数组元素的数据类型。
（3）维数（秩）
"维"代表一个方向，维数就是"维"的数目，也称为秩，不同维数的数组决定了数组在内存中不同的存储方式及数组元素的引用方法。
如果一个数组的维数是 1，其逻辑结构是所有元素按从左到右的顺序排列在水平方向上，如果一个数组的维数是 2，其逻辑结构是所有元素按照行和列两个方向进行排列。如果一个数组的维数是 3，则该数组的所有元素按照面、行和列三个方向进行排列。

3. 数组最大维数的限制

在 VB.NET 中，规定数组的最大维数是 32。

4. 一维数组的概念及逻辑结构

维数是 1 的数组称为一维数组。在逻辑结构上，数组元素呈线性排列，只要给出一个代表线性位置的序号就可确定一个数组元素。实际上，在为一维数组分配内存空间时，每个数组元素是按其序号的升序在内存中连续安排内存单元的。

5. 二维数组的概念及逻辑结构

维数是 2 的数组称为二维数组。在逻辑结构上，数组元素按矩阵形式排列，只要给出两个分别代表行和列的序号就可确定一个数组元素。在为二维数组分配内存空间时，首先给数组的第 0 行（在 VB.NET 代表行顺序的行号与代表每行中列顺序的列号均从 0 开始计数）的所有数组元素按照其列号的升序顺序连续安排内存单元，再为第 1 行的所有数组元素连续安排内存单元，依次类推，直到所有行均安排内存单元为止。

6. 维度

数组中一个维的度量称为维度，其大小是在这一维中排列了多少个数组元素。

7. 数组大小的计算方法

数组大小就是数组中数组元素的总个数，数组大小的计算方法是连乘每一个维度的大小。

8. 数组的数据类型

数组的数据类型是由数组元素的类型和数组的维数共同决定的，并没有一种固定的称呼。例如，Integer( )、Double( )、String( )等都是一维数组的数据类型，Integer(,)、Double(,)、String(,)等都是二维数组的数据类型。

9. 一维数组声明方法（四种格式）

格式 1：

　　Dim *数组名*[*数据类型说明符*]（*界限*）[As *数据类型*]

格式 2：

　　Dim *数组名*[*数据类型说明符*]() [As *数据类型*]

格式 3：

　　Dim *数组名*　As *数据类型*()

格式 4：

　　Dim 数组名　As Array

一维数组的大小（数组元素的个数）为上限-下限+1 或上限+1。

格式 2 和格式 3 均可声明一个数组变量，并限定了数组的数据类型（由数组元素的类型和数组的维数决定）。

格式 4 声明了一个基于 System.Array 类的变量，不限定数组的数据类型。在 VB.NET 中，任何数组均由 System.Array 类继承而来，故该 Array 类型的变量可被赋予任意元素类型和任意维数的数组对象（也适用二维数组）。实际上该数组变量只是存储了指向数组对象的指针。

采用后三种格式声明的数组，数组变量的隐式初值为 Nothing，可简单理解为变量中没有保存任何数组对象，因此在使用前，必须确定数组的大小。

使用格式 1 声明数组时，上限可为-1，这样声明的一维数组的长度为 0，可简单理解为该变量中已保存了一个空数组（没有任何元素的数组称为空数组或者零长度数组）。

例如：

```
Dim intAge(5) As Integer      '声明了一个类型为 Integer()的一维数组
Dim dblScore(-1) As Double    '声明了一个类型为 Double()的零长度数组，属性
                              'Length=0
Dim strName() As String       '声明了一个类型为 String()的数组变量，其值为
                              'Nothing
Dim dtBirthDay As Date()      '声明了一个类型为 Date()的数组变量，其值为
                              'Nothing
Dim arrArray As Array         '声明了一个不限类型的数组变量，其值为 Nothing
```

在上述语句中：

第一条语句声明了一个数组变量 intAge 和一个类型为 Integer( )的一维数组对象，且 intAge 变量指向该数组对象。

第二条语句声明了一个数组变量 dblScore 和一个类型为 Double( )，没有数组元素的一维数组对象，且 dblScore 变量指向该数组对象，即声明了一个零长度一维数组。

第三条、第四条语句仅声明了数组变量，没有声明数组对象，但限定了数组类型，即 strName 数组变量只能指向 String( )类型的数组对象，dtBirthDay 数组变量只能指向 Date( )类型的数组对象。

最后一条语句声明了一个基于 Array 类的数组变量 arrArray，但没有声明数组对象，可将任意类型的数组对象的指针赋给该变量（包括二维数组对象）。

10. 一维数组元素的使用方法

格式：

数组名（下标）

其中，下标可以是整型的变量、常量或表达式，其意义是元素在数组中的位置（从 0 开始）。例如：

sglWeight(0) 代表数组 sglWeight 的第 0 个元素；

sglWeight(1) 代表数组 sglWeight 的第 1 个元素；

sglWeight(k) 代表数组 sglWeight 的第 k 个元素。

这种表示法经常出现在循环中，通过不断更改变量 k 的值，达到引用不同数组元素的目的。但 k 的值不能超出数组声明时的上、下限范围，否则会产生"索引超出了数组界限"的错误。

11. 一维数组初值的隐式设定

在 VB.NET 中，根据数组元素的类型，系统为数组元素提供了隐式的初值。

1）数值型：0。

2）字符串型：空串（""）。

3）日期型：01/01/0001、12:00:00（凌晨）。

4）布尔型：False。

5）字符型：初值是 ASCII 码等于 0 的字符（'\0'字符）。

6）对象型：Nothing。

12. 一维数组初值的显式设定

格式 1：

 Dim *数组名*[*数据类型说明符*] () [As *数据类型*] = 一维初值列表

格式 2：

 Dim *数组名*　As *数据类型*()= 一维初值列表

格式 3：

 Dim *数组名*　As　Array = 一维初值列表

说明：

1）一维初值列表的格式如下。

 一维初值列表：{*初值*$_1$, *初值*$_2$, …}

*初值*可以是常量、变量、表达式。注意，变量或表达式必须能得到一个确切的值。

2）*初值*的类型必须与数组元素的类型兼容。

3）不可在显式赋*初值*时，定义数组每个维度的大小。

4）数组的大小由*初值*的个数决定。

13. 数组的总大小：Length

Length 为数组对象的一个属性，其值的意义是数组元素的总个数，即数组的大小。

引用方式：

 数组名.Length

14. 数组的维数：Rank

Rank 为数组对象的一个属性，其值的意义是数组的维数，如果是一维数组，其值为 1；如果是二维数组，其值为 2。

引用方式：

数组名.Rank

15. 获取数组某一维的大小：GetLength

GetLength 是数组对象的一个方法，其功能是获取指定维的大小。
格式：

```
Public GetLength(ByVal dimension As Integer) As Integer
```

当 dimension = 0 时，代表第 1 维；当 dimension = 1 时，代表第 2 维；依次类推。
引用方式：

数组名.GetLength(dimension)

16. 获取数组某一维的下界：GetLowerBound

GetLowerBound 是数组对象的一个方法，其功能是获取指定维的下界。
格式：

```
Public GetLowerBound(ByVal dimension As Integer) As Integer
```

引用方式：

数组名.GetLowerBound(dimension)

17. 获取数组某一维的上界：GetUpperBound

GetUpperBound 是数组对象的一个方法，其功能是获取指定维的上界。
格式：

```
Public GetUpperBound(ByVal dimension As Integer) As Integer
```

引用方式：

数组名.GetUpperBound(dimension)

18. 求和：Sum

Sum 是数组对象的一个方法，其功能是获取数组所有元素的和。
格式：

```
Public Function Sum() As T
```

其中，T 为数组元素的数据类型。
引用方式：

数组名.Sum()

19. 求平均值：Average

Average 是数组对象的一个方法，其功能是获取数组所有元素的平均值。
格式：

```
Public Function Average() As T
```

其中，T 为数组元素的数据类型。
引用方式：

数组名. Average ()

20. 求最大值：Max

Max 是数组对象的一个方法，其功能是获取数组所有元素的最大值。
格式：

```
Public Function Max () As T
```

其中，T 为数组元素的数据类型。
引用方式：

数组名. Max ()

21. 求最小值：Min

Min 是数组对象的一个方法，其功能是获取数组所有元素的最小值。
格式：

```
Public Function Min () As T
```

其中，T 为数组元素的数据类型。
引用方式：

数组名. Min ()

22. 一维数组元素的查找：IndexOf

IndexOf 是 Array 类的一个方法，可对任意类型的一维数组进行数据的查找。
格式：

```
Public Shared Function IndexOf (
    ByRef array As Array,
    ByVal value As Object,
    ByVal startIndex As Integer
) As Integer
```

功能：在一维数组 *array* 中，从 *startIndex* 指定的位置开始搜索指定的对象 *value*，并返回第一个匹配项的索引值或下标值（如失败，则返回-1）。

23. 一维数组元素的升序排列：Sort

Sort 是 Array 类的一个方法，可对数组中的所有元素或部分元素按升序排列。

格式 1：

```
Public Shared Sub Sort ( ByRef array As Array )
```

格式 2：

```
Public Shared Sub Sort ( _
    ByRef array As Array, _
    ByVal index As Integer, _
    ByVal length As Integer _
)
```

功能：在默认情况下，格式 1 对一维数组 *array* 中所有的元素按升序排序；格式 2 对一维数组 *array* 中，从 index 指定的位置开始的长度为 *length* 的这一部分元素按升序排列。

注意：

1）*index* 必须位于 0 和数组最大下标之间。

2）*length* 必须位于 0 和数组的大小之间。

3）*index* 与 *length* 的和必须位于 0 与数组的大小之间。

24. 一维数组元素的倒置（反序）：Reverse

Reverse 是 Array 类的一个方法，可对数组中的所有元素或部分元素按反序排列。

格式 1：

```
Public Shared Sub Reverse ( ByRef array As Array )
```

格式 2：

```
Public Shared Sub Reverse ( _
    ByRef array As Array, _
    ByVal index As Integer, _
    ByVal length As Integer _
)
```

功能：格式 1 反转一维数组 *array* 中的所有元素；格式 2 反转一维数组 *array* 中，从 *index* 指定的位置开始的长度为 *length* 的这一部分元素的顺序。

注意：

1）*index* 必须位于 0 和数组最大下标之间。

2）*length* 必须位于 0 和数组的大小之间。

3）*index* 与 *length* 的和必须位于 0 和数组的大小之间。

25. 一维数组元素的降序排列：Sort 和 Reverse 的联合作用

在一般情况下，Sort 方法按升序排列数据，Reverse 方法反向排列数据，则两者联合起来可对数据按降序排列。

例如，下列语句就可对数组按降序排列数据：

```
Array.Sort(intScore)
Array.Reverse(intScore)
```

26. 一维数组大小的更改：Resize

在 VB.NET 中，所有数组的大小都是可以更改的。
格式：

```
Public Shared Sub Resize( ByRef array As Array, ByVal newSize As Integer )
```

功能：将数组 array 的元素数更改为由 newSize 指定的新大小。
注意：Array.Resize 方法不能对用格式 4 声明的一维数组更改大小。

例如，下列语句就将数组 intScore 的大小更改为 34。

```
Array.Resize(intScore, 34)
```

27. 一维数组元素的复制：Copy

格式 1：

```
Public Shared Sub Copy (
    ByRef sourceArray As Array,
    ByRef destinationyArray As Array,
    ByVal length As Integer
)
```

功能：将源数组 *sourceArray* 从下标 0 开始的由 *length* 指定个数的元素复制到目的数组 *destinationArray* 中。
格式 2：

```
Public Shared Sub Copy ( _
    sourceArray As Array, _
    sourceIndex As Integer, _
    destinationArray As Array, _
    destinationIndex As Integer, _
    length AsInteger _
)
```

功能：将源数组 *sourceArray* 从下标 *sourceIndex* 开始的由 *length* 指定个数的源数组元素，从目的数组下标 *destinationIndex* 指定的位置开始，复制到目的数组 *destinationArray* 中。

注意:

1)*sourceIndex* 必须位于 0 和数组 *sourceArray* 最大下标之间。

2)*destinationIndex* 必须位于 0 和数组 *destinationArray* 最大下标之间。

3)*sourceIndex* 与 *length* 的和必须位于 0 和数组 *sourceArray* 的大小之间。

4)*destinationIndex* 与 *length* 的和必须位于 0 和数组 *destinationArray* 的大小之间。

28. 一维数组元素的清理: Clear

所谓清理就是将指定的数组元素的值恢复成隐式初值。

格式:

```
Public Shared Sub Clear ( _
    array As Array,  _
    index As Integer,  _
    length As Integer  _
)
```

功能: 将数组 *array* 中, 从 *index* 指定的位置开始, 长度为 *length* 的这一部分元素清空。

注意:

1)*index* 必须位于 0 和数组最大下标之间。

2)*length* 必须位于 0 和数组的大小之间。

3)*index* 与 *length* 的和必须位于 0 和数组的大小之间。

29. 字符串拆分函数: Split

Split 函数能将字符串拆分成一系列子字符串, 并得到一个字符串型的一维数组, 数组元素的值就这些子字符串。

格式:

```
Public Shared Function Split ( _
    Expression As String, _
    Delimiter As String, _
    Limit As Integer, _
    Compare As CompareMethod _
) As String()
```

功能: 按照 *Delimiter* 指定的分隔符和 *Compare* 指定的拆分原则, 将 *Expression* 指定的字符串拆分成一系列子字符串, 它们的个数由 *Limit* 指定, 并把这些子字符串组成一个下标从 0 开始的一维 String 数组返回。如果 *Expression* 为零长度字符串 (""), 则 Split 返回一个包含零长度字符串的单元素数组。如果 *Delimiter* 为零长度字符串, 或者它没有在 *Expression* 中出现, 则 Split 返回一个包含整个 *Expression* 字符串的单元素数组。

例如, 假设 strScore 数组的类型为 String( ), 且在文本框 txtScore 中, 输入字符串 "50, 60, 90, 78, 83, 39", 则下列语句将该字符串拆分成一个字符串型的数组对象{"50", "60",

"90", "78", "83", "39"}，并将该对象的指针送到数组变量 strScore 中。

```
strScore = Split(txtScore1.Text, ",")
```

30. 一维数组元素的合并函数：Join

Join 函数的功能与 Split 函数的功能相反，将字符串型数组中所有字符串连接成一个字符串。

格式：

```
Public Shared Function Join ( _
    SourceArray As String(), _
    Delimiter As String _
) As String
```

功能：以 **Delimiter** 指定的分隔符，将 **SourceArray** 数组中的每一个元素串成一个字符串返回。

说明：**SourceArray** 必需，包含要连接的子字符串的一维数组。

Delimiter 可选，用于在返回的字符串中分隔子字符串的任意字符串。如果省略该参数，则使用空白字符（""）。如果 **Delimiter** 是零长度字符串（""）或 Nothing，则列表中的所有项都串联在一起，中间没有分隔符。

例如，下列语句将数组 strScore 中的所有字符串型的元素连接成一个字符串：

```
strText = Join(strScore, ",")
```

31. 数组的整体赋值

使用赋值语句，可将一个数组赋值到另一个数组中。

格式：

destinationyArrayName = sourceArrayName

在 VB.NET 中，数组变量只持有数组对象的指针，因此，数组的整体赋值仅仅是将数组对象的指针赋给了另一个数组变量，即两个数组变量指向同一个数组对象。对于这两个数组变量来说，对对方的改变就是对自己的改变。

如果要获得两个一模一样的相互独立的数组对象，应使用 Array.Copy 方法（限数组元素的数据类型为值类型）或 Array.CopyTo 方法。

数组的整体赋值一般用于过程的参数传递，当过程调用时，数组的实际参数传递到数组的形式参数时，采用的就是数组的整体赋值。

32. 二维数组的声明方法（四种格式）

格式 1：

Dim *数组名* [*数据类型说明符*] （ *界限1，界限2* ） [As *数据类型*]

格式 2：

    Dim *数组名* [*数据类型说明符*] (,) [As *数据类型*]

格式 3：

    Dim *数组名* [*数据类型说明符*] [As *数据类型*(,)]

格式 4：

    Dim *数组名* As Array

数组的大小（数组元素的个数）是每个维度大小的乘积：

$$（上限_1-下限_1+1）*（上限_2-下限_2+1）=数组大小$$

或

$$（上限_1+1）*（上限_2+1）=数组大小$$

格式 2 和格式 3 均可声明一个数组变量，并限定了数组的数据类型（由数组元素的类型和数组的维数决定）。

采用后三种格式声明的数组，数组变量的值为 Nothing，可简单理解为变量中没有保存任何数组对象，因此在使用前，必须确定数组的大小。

使用格式 1 声明数组时，每维的上限可为-1，这样声明的一维数组的长度为 0，可简单理解为该变量中已保存了一个空数组（没有任何元素的数组称为空数组或零长度数组）。

例如：

```
Dim blnMine(9, 9) As Boolean          '声明了一个类型为 Boolean 的二维数组
Dim strRoomNumber(-1, -1) As String   '声明一个类型为 String 的零长度二维数
                                      '组,属性 Length = 0
Dim intMine(,) As Integer             '声明了一个类型为 Integer 的数组变量,其值为
                                      'Nothing
Dim intMagicSquare As Integer(,)      '声明了一个类型为 Integer 的数组变量,其值为
                                      'Nothing
Dim arrArray As Array                 '声明了一个不限类型的数组变量,其值为 Nothing
```

在上述语句中：

第一条语句声明了一个数组变量 blnMine 和一个二维的数组对象，且 blnMine 变量指向该数组对象。

第二条语句声明了一个数组变量 strRoomNumber 和一个二维的没有数组元素的空数组对象，且 strRoomNumber 变量指向该数组对象，即零长度二维数组。

第三条、第四条语句仅声明了数组变量，但没有声明数组对象，但限定了数组类型，即 intMine 数组变量和 intMagicSquare 数组变量均只能指向 Integer 类型的数组对象。

最后一条语句声明了一个基于 Array 类的数组变量 arrArray，但没有数组对象，可将任意类型的数组对象的指针赋给该变量（包括一维数组对象）。

33. 二维数组元素的使用方法

数组元素的使用规则与同类型的简单变量相同。

格式：

数组名（行下标，列下标）

其中，下标可以是整型的变量、常量或表达式，其意义是元素在数组中的位置（从 0 开始）。

例如：

intRoster(0, 0) 代表数组 intRoster 的第 0 行、第 0 列的元素；

intRoster(0, 1) 代表数组 intRoster 的第 0 行、第 1 列的元素；

intRoster(1, 0) 代表数组 intRoster 的第 1 行、第 0 列的元素；

intRoster(i, j) 代表数组 intRoster 的第 i 行、第 j 列的元素，这种表示法经常出现在循环中，通过不断更改变量 i、j 的值，达到引用不同数组元素的目的。但 i、j 的值不能超出数组声明时各自维度的上、下限范围，否则会产生"索引超出了数组界限"的错误。

34. 二维数组初值的隐式设定

在 VB.NET 中，根据数组元素的类型，系统为数组元素提供了隐式的初值。

1）数值型：0。

2）字符串型：空串（""）。

3）日期型：01/01/0001、12:00:00（凌晨）。

4）布尔型：False。

5）字符型：初值是 ASCII 码等于 0 的字符（'\0'字符）。

6）对象型：Nothing。

35. 二维数组初值的显式设定

格式 1：

```
Dim 数组名 (,) As 数据类型 = 二维初值列表
```

格式 2：

```
Dim 数组名 As 数据类型 (,) = 二维初值列表
```

格式 3：

```
Dim 数组名 As Array = 二维初值列表
```

说明：

1）二维初值列表的格式如下。

```
{
    {初值 00，初值 01，初值 02，…},
    {初值 10，初值 11，初值 12，…},
```

$$\{ 初值_{20},\ 初值_{21},\ 初值_{22},\ \cdots \},$$
$$\cdots$$
$$\{ 初值_{n0},\ 初值_{n1},\ 初值_{n2},\ \cdots \}$$
}

初值可以是常量、变量、表达式。注意，变量或表达式必须能得到一个确切的值。

2）不可在显式初始化时，定义数组每个维度的大小，但圆括号内的逗号不能省略（定义数组的维数）。

3）每行初值个数必须一致。

4）数组的行数由初值的行数决定，数组的列数由每行初值的个数决定。

例如，下列语句声明了一个 3 行 5 列的一个 Integer 类型的数组。

```
Dim intScore As Integer(,) = {
    {56,80,90,86,54},
    {40,100,87,99,23},
    {90,99,87,89,60}
}
```

36. Dim 语句

使用 Dim 语句动态确定一维数组的大小的步骤如下。

步骤 1：获取要保存在数组中的数据的个数。

步骤 2：确定数组的大小。

格式：

```
Dim 数组名(上界) As 数据类型
```

这两步必须位于过程内部，且只能使用一次。数组的作用域局限于过程内部。

37. ReDim 语句

使用 ReDim 语句动态确定一维数组的大小的步骤如下。

步骤 1：使用 Dim 语句声明一个数组（前三种声明格式）。

步骤 2：使用 ReDim 语句更改数组的大小。

格式：

```
ReDim [Preserve] 数组名(上界)
```

注意：

1）使用 Dim 语句声明的数值时该数组可位于模块声明段，这使得数组的作用域扩大到本模块的所有过程，也可位于过程内，则数组的作用域局限于该过程。

2）使用 ReDim 语句更改数组的大小时所更改的数组必须位于过程内，且可多次使用 ReDim 更改数组的大小。

38. Array.Resize 方法

使用 Array.Resize 方法动态确定一维数组的大小的步骤如下。

步骤 1：使用 Dim 语句声明一个数组（前三种声明格式）。

步骤 2：使用 Array.Resiaze 方法更改数组的大小。

格式：

```
Array.Resiaze(数组名, 新大小)
```

注意：

1）使用 Dim 语句声明一个数组时该数组可位于模块声明段，这使得数组的作用域扩大到本模块的所有过程，也可位于过程内，则数组的作用域局限于该过程。

2）使用 Array.Resiaze 方法更改数组大小时该数组必须位于过程内，且可多次使用 Array.Resize 更改数组的大小。

7.2　常见错误和重难点分析

1. 数组的声明

1）如果采用类型说明符确定数组元素的类型时，在数组名和类型说明符之间不要留空格。

2）采用后三种格式声明的数组，数组变量的值为 Nothing，可简单理解为变量中没有保存任何数组对象（注意与零长度的数组的区别）。

3）当上限为-1 时，可声明一个零长度的数组，即不包含任何数组元素的空数组，如下语句所示：

```
Dim intArray(-1) As Integer
Dim intArray(0 To -1) As Integer
```

使用零长度的数组一是可省去判断数组变量值为 Nothing 的麻烦（有时需要判断数组变量中是否保存有数组对象），二是当需要更改大小时，既可以使用 ReDim 语句，也可以使用 Array.Resize 方法。

2. 数组元素的引用

对于一维数组，只要给出一个下标（也可称为索引），就能引用数组中的某个数组元素，下标经常采用变量，如 intArray(i)就代表了数组 intArray 的第 i 个元素，变量 i 也可称为下标变量。

例如：

```
intArray(i) = 8        '将 8 赋给数组 intArray 的第 i 个元素
x = intArray(i)        '数组 intArray 的第 i 个元素的值赋给变量 x
```

但是，i 的值必须位于数组的下限与上限之间，否则，会发生运行时错误"索引超出了数组界限"。

3. 常见错误——索引超出了数组界限

1）图 1.7.1 所示代码是初学者在使用数组时，经常出现的错误用法之一。

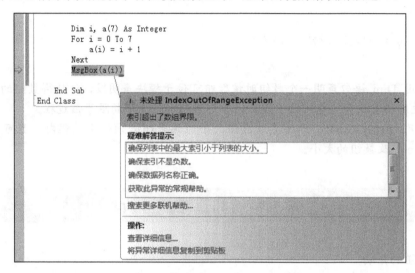

图 1.7.1　使用数组常见错误实例 1

原因：在上述代码中，一维数组 a 的界限（也称为索引）为 0~7，即数组 a 由 a(0)、a(1)、a(2)、a(3)、a(4)、a(5)、a(6)、a(7)8 个元素组成，当循环结束后，循环变量 i 的值为 8，因此，语句 MsgBox(a(i)) 中的 a(i) 相当于 a(8)，而数组 a 中不存在 a(8) 这个元素，或者说变量 i 的值超出了数组 a 的界限。

如果语句 MsgBox(a(i)) 的作用是显示每一个数组元素的值，则其位置应放在循环体内，如果该语句的作用是显示数组最末元素的值，则可使用下列三条语句之一。

```
MsgBox(a(i - 1))
MsgBox(a(a.Length - 1))
MsgBox(a(a.GetUpperBound(0)))
```

2）图 1.7.2 所示代码是将十进制数 x（来自文本框 txtDecimal）转换成二进制数（转换过程中的余数保存在数组 intBit 中），当 x≤255 时，均能正确运行，但 x>255 时，将发生运行时错误"索引超出了数组界限"。

原因：数组 intRemander 在声明时，只有 8 个元素，最多能保存 8 位二进制数码串，因此，只能转换小于等于 255 的正整数，当 x>255 时，转换后的二进制位数将超过 8 位，则第 9 位二进制数码无法保存，此时，变量 i 的值等于 8，已超过数组 intRemander 的上限，从而发生运行时错误"索引超出了数组界限"。

为了突破 8 位的限制，动态更改数组的大小，以容纳新出现的余数。将上述代码的修改如图 1.7.3 所示。

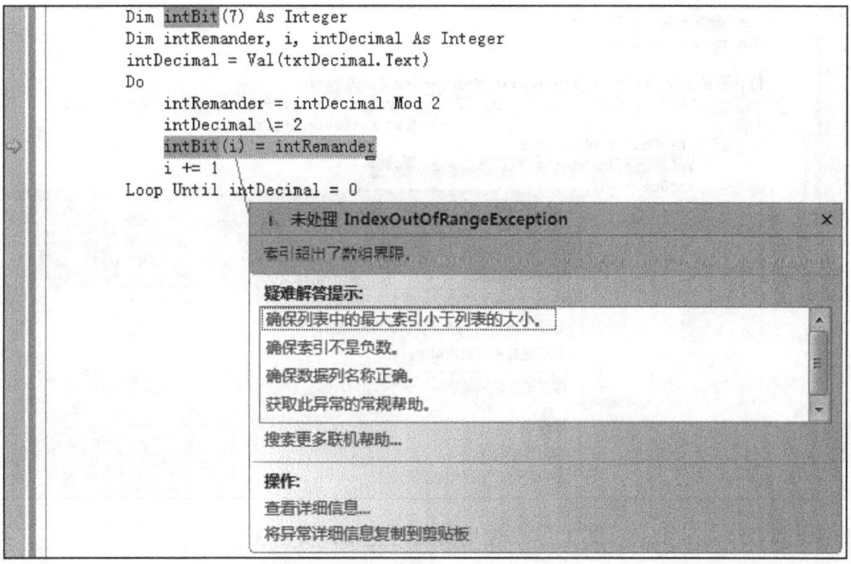

```
Dim intBit(7) As Integer
Dim intRemander, i, intDecimal As Integer
intDecimal = Val(txtDecimal.Text)
Do
    intRemander = intDecimal Mod 2
    intDecimal \= 2
    intBit(i) = intRemander
    i += 1
Loop Until intDecimal = 0
```

未处理 IndexOutOfRangeException ✕

索引超出了数组界限。

疑难解答提示:
确保列表中的最大索引小于列表的大小。
确保索引不是负数。
确保数据列名称正确。
获取此异常的常规帮助。

搜索更多联机帮助…

操作:
查看详细信息…
将异常详细信息复制到剪贴板

图 1.7.2　使用数组常见错误实例 2

```
Dim intBit( ) As Integer
Dim intRemander, i, intDecimal As Integer, strBinary As String
intDecimal = Val(txtDecimal.Text)
Do
    intRemander = intDecimal Mod 2
    intDecimal \= 2
    ReDim Preserve intBit(i)
    intBit(i) = intRemander
    i += 1
Loop Until intDecimal = 0
```

图 1.7.3　使用数组常见错误实例 2 之修改

4．常见错误——未将对象引用设置到对象的实例

1）图 1.7.4 所示代码是初学者在使用数组时，经常出现的错误用法之二。

原因：在上述代码中，数组 intScore 采用格式 3 定义的，回顾知识要点 10，这种格式定义的数组，仅定义了一个数组变量 intScore，而没有定义数组对象，数组变量 intScore 的值为 Nothing，所以，在执行语句 intScore(intNum) = Val(txtScore.Text)时，因数组对象不存在，无法保存任何数据，所以出现运行时错误"未将对象引用设置到对象的实例"。

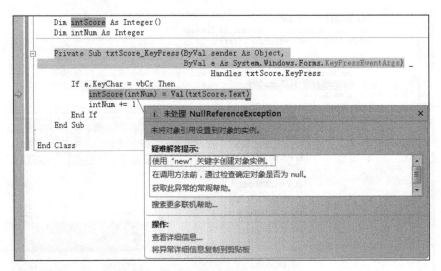

图 1.7.4　使用数组常见错误实例 3

可在数组赋值前，增加以下语句动态更改数组的大小：

```
ReDim Preserve intScore(intNum)
```

2）在图 1.7.3 所示的代码中，不可将语句 ReDim Preserve intBit(i) 放在语句 intBit(i) = intRemander 后，否则会出现新的错误"未将对象引用设置到对象的实例"。

原因：采用数组声明格式 3 声明一个数组 intBit，仅仅是声明了一个数组变量，其值为 Nothing，也就是说数组变量 intBit 并没有保存一个数组对象的实例（一个具体的数组对象），因此，语句 intBit(i) = intRemander 执行时，变量 intBit 中并不存在数组对象的实例，故引发运行时错误"未将对象引用设置到对象的实例"。

如果使用零长度数组，上述代码可改写为：

```
Dim intBit(-1) As Integer
Dim intRemander, intDecimal As Integer, strBinary As String
intDecimal = Val(txtDecimal.Text)
Do
    intRemander = intDecimal Mod 2
    intDecimal \= 2
    ReDim Preserve intBit(intBit.Length)
    intBit(intBit.GetUpperBound(0)) = intRemander
Loop Until intDecimal = 0
```

在上述代码中，首先声明了一个零长度数组 intBit，即 intBit.Length 等于 0，所以可利用语句 ReDim Preserve intBit(intBit.Length) 将数组 intBit 直接扩容，为数组 intBit 增加 1 个元素（扩容后 intBit.Length 的值自动增加 1，为下一次扩容一个元素做好了准备），再利用语句 intBit(intBit.GetUpperBound(0)) = intRemander 将新获得的余数送到数组新增元素中。

5. 一维数组的显式初值设定

在为一维数组显式初始化时，不要设定数组的大小，数组的大小由初值的个数来决定，但是初值的类型与数组元素的类型必须是兼容。

例如：

```
Dim strMountain() As String = {"五台山", "普陀山", "峨眉山", "九华山", "梵
    净山"}
Dim intA() As Integer = {"1", "2", "3", "4"}
Dim intB() As Integer = {"1th", "2th", "3th", "4th"}
Dim intC() As Integer = {Val("1th"), Val("2th"), Val("3th"), Val("4th")}
```

第一条语句声明了一维数组 strMountain，其 5 个元素保存了中国五大佛教名山（五台山、普陀山、峨眉山、九华山、梵净山）的名称。

第二条语句是正确的，因为 VB 会自动将字符串型的数字串转换为 Integer 类型的数据。

第三条语句是错误的，因为 VB 无法将字符串正确转换为数值型。

第四条语句是正确的，因为 Val 函数能将任意的字符串转换为 Double 类型的数据，然后 VB 再自动将 Double 类型的数据转换为 Integer 类型的数据。

6. 一维数组对象的属性与方法

一维数组的 Length 和 Rank 属性是只读的，不允许在代码中对其赋值。

在使用第 4 种格式声明数组时，不可以直接使用数组对象的 Sum、Average、Min、Max 方法。

例如：

```
Dim intB As Array = {1, 2, 3, 4}
MsgBox("Average=" & intB.Average())
```

在代码编辑器中敲入上述代码时，蓝色波浪线会出现在 intB.Average 的下方，表示这是一个编译时错误，将鼠标指针移到波浪线上，稍作停留，便会看到错误信息 ""Average" 不是"System.Array"的成员"。解决办法是使用前三种格式声明数组。

7. 通过文本框给一维数组赋值

通过文本框给一维数组赋值有两种方式。

1）每次在文本框中输入一个数据，然后以回车作为这个数据输入的结束，再处理完文本框中的数据后，再输入下一个数据。

在这种方式下，一般是对文本框的 KeyPress 事件编写代码，通过捕捉回车符，来确定数据是否输入结束。例如，下列代码是将文本框 txtScore 中的数据保存到一维整型数组 intScore 中。

```
Dim intScore%()
Dim intNum%
```

```
Private Sub txtScore_KeyPress(ByVal sender As Object,
                    ByVal e As System.Windows.Forms.KeyPressEventArgs)_
                        Handles txtScore.KeyPress
        If e.KeyChar = vbCr Then          '系统常量 vbCr 可用 Chr(13) 取代
            ReDim Preserve intScore(intNum)
            intScore(intNum) = Val(txtScore.Text)
            intNum = intNum + 1
        End If
End Sub
```

在上述代码中，如果使用零长度数组，则可省去变量 intNum。具体代码如下：

```
Dim intScore(-1) As Integer
Private Sub txtScore_KeyPress(ByVal sender As Object,
    ByVal e As System.Windows.Forms.KeyPressEventArgs) _
    Handles txtScore.KeyPress
    If e.KeyChar = vbCr Then          '系统常量 vbCr 可用 Chr(13) 取代
        Redim Preserve intScore(intScore.Length)
        intScore(intScore.GetUpperBound(0)) = Val(txtScore.Text)
    End If
End Sub
```

这种方式的优点是可输入大批量的数据，并可通过类型转换函数（如上述代码中的 Val 函数）将来自文本框中的字符串方便地转换成其他数据类型。

2）将所有数据在文本框中一次性输入完毕，输入时插入数据分隔符（一般是逗号）。例如，下列代码是将成绩保存在字符串型数组 strScore 中。

```
Dim intScore() As Integer
Private Sub txtScore_KeyPress(ByVal sender As Object,
    ByVal e As System.Windows.Forms.KeyPressEventArgs)_
    Handles txtScore.KeyPress
    Dim strScore() As String
    If e.KeyChar = vbCr Then          '系统常量 vbCr 可用 Chr(13) 取代
        strScore = Split(txtScore.Text, ",")
    End If
End Sub
```

这种方式适合输入小批量的数据，数据是以文本形式保存到一个字符串数组中，如果需要的是数值型数据，则最简单、最容易理解的方法是把下面的代码放在语句 strScore = Split(txtScore.Text, ",") 的下面进行数据类型的转换：

```
ReDim intScore(strScore.Length - 1)
For i As Integer = 0 To strScore.GetUpperBound(0)
    intScore(i) = Val(strScore(i))
Next
```

8. 数组的整体赋值

在将一个数组赋给另一个数组时，必须确保两个数组具有相同的数据类型（即相同的维数和兼容的元素数据类型）。

假设数组 oneArray、twoArray、threeArray、fourArray、fiveArray 按如下方式声明：

```
Dim oneArray As String() = {"1", "2", "3"}
Dim twoArray As Integer(), threeArray As Integer() = {4, 5, 6, 7}
Dim fourArray As Array = {8, 9}
Dim fiveArray As Array
```

则在下面的五条语句中：

```
twoArray = oneArray
oneArray = twoArray
fiveArray = oneArray
twoArray = threeArray
threeArray = fourArray
oneArray = fourArray
```

第一条：编译时出错，在代码编辑器中，oneArray 的下方会出现蓝色波浪线，错误信息为 "″String″ 不是从 ″Integer″ 派生的，因此类型 ″String 的一维数组″ 的值无法转换为 ″Integer 的一维数组″ "。简单地讲就是赋值号两边数组的数据类型不一致（左边是 Integer，右边是 String）。

第二条：编译时出错，在代码编辑器中，twoArray 的下方会出现蓝色波浪线，错误信息为 " ″Integer″ 不是从 ″String″ 派生的，因此类型 ″Integer 的一维数组″ 的值无法转换为 ″String 的一维数组″ "。简单地讲就是赋值号两边数组的数据类型不一致（左边是 String，右边是 Integer）。

第三条：正确。因为 fiveArray 是基于 System.Array 类的数组变量，可赋予任意类型的数组对象。

第四条：正确。赋值号两边数组的数据类型均为 Integer。

第五条：正确。fourArray 虽然是基于 System.Array 类的数组变量，但{8, 9}的数据类型是 Integer，与赋值号左边 threeArray 的数据类型是一致的。

第六条：运行时出错。fourArray 虽然是基于 System.Array 类的数组变量，但{8, 9}的数据类型是 Integer，与赋值号左边 oneArray 的数据类型 String 不一致。

9. 一维数组的矩阵式输出

一维数组的输出方式无非是三种：一是所有的元素输出在一行上，二是所有的元素输出在一列上（即每行一个），三是所有的元素呈方形（矩阵式）输出。

例如：将一维数组 intPrime 中所有元素输出在几行上，每行 4 个，并且要求每列的宽度为 6，每列右对齐。

一位数组的矩阵式输出代码如下。

```
1        label1.text = ""
2        For i As Integer = 0 To intPrime.GetUpperBound(0)
3            Dim strTemp As String
4            strTemp = Trim(Str(intPrime(i)))
5            Label1.Text &= Space(6 - Len(strTemp)) & strTemp
6            If (i + 1) Mod 4 = 0 Then          '条件可换成 i Mod 4 = 3
7                Label1.Text &= vbCrLf
8            End If
9        Next
```

矩阵式输出的关键是什么时候换行，语句 6 中的条件 $(i + 1)$ Mod $4 = 0$，如果满足，即 $(i + 1)$ 是 4 的倍数，也就是说当前行上已经输出了 4 个数据，因此，马上输出一个回车等。

条件 $(i + 1)$ Mod $4 = 0$ 可换成 i Mod $4 = 3$，其换行的效果是一样的。但如果循环变量 i 的初值是 1，则条件应该是 i Mod $4 = 0$。

语句 4 的作用将数值数据转换成字符串，并去掉前导空格。

语句 5 中 Space(6 - Len(strTemp)) & strTemp 完成每列宽度和对齐方式的设置。如果要求每列左对齐，则应该写成 strTemp & Space(6 - Len(strTemp))。

10. 如何定位最大值的位置

假设数组 intScore 已有合法声明（使用数组的前三种声明格式），求其最大值和最大值在数组中的位置。

方法 1：利用数组对象的 Max 方法和 System.Array 类的 IndexOf 方法。

```
Dim intMax, intPos As Integer
intMax = intScore.Max()
intPos = Array.IndexOf(intScore, intMax)
```

★方法 2：编写代码。

标准的利用首值法求最大值的代码如下（见《Visual Basic 程序设计基础》（含计算机基础）例 7.17）：

```
Dim intMax As Integer
intMax = intArray(0)                    '假设第 0 个元素的值最大
For i As Integer = 0 To intArray.GetUpperBound(0)
    If intArray(i) > intMax Then
        intMax = intArray(i)            '发现与假设不符,更新 intMax
    End If
Next
```

上述代码只是求出了最大值是多少，如果还要求出最大值在数组中位置（位置从 0 开始计算），可在代码中增加一个变量 intPos，以便在求最大值的过程中，同步记录最大值的位置，代码如下：

```
Dim intMax, intPos As Integer
intPos = 0                          '假设第 0 个元素的值最大
intMax = intArray(intPos)
For i As Integer = 0 To intArray.GetUpperBound(0)
    If intArray(i) > intMax Then
        intMax = intArray(i)        '发现与假设不符,更新 intMax
        intPos = i                  '同步更新 intPos,以记录新的最大值的位置
    End If
Next
```

实际上，上述代码中可取消变量 intMax：

```
Dim intPos As Integer
intPos = 0                          '假设第 0 个元素的值最大
For i As Integer = 0 To intArray.GetUpperBound(0)
    If intArray(i) > intArray(intPos) Then
        intPos = i                  '发现与假设不符,更新 intPos
    End If
Next
```

循环结束后，最大值的位置在 intPos 中，最大值本身在 intScore(intPos)中。

11. 如何求出最大值的个数

假设数组 intScore 已有合法声明（使用数组的前三种声明格式），求数组中最大值有多少个。

★方法 1：

```
Dim intMax, intCount As Integer
intMax = intScore(0)                '假设第 0 个元素的值最大
For i As Integer = 0 To intScore.GetUpperBound(0)
    If intScore(i) > intMax Then
        intMax = intScore(i)        '发现与假设不符,更新 intMax
    End If
Next
intCount = 0
For i As Integer = 0 To intScore.GetUpperBound(0)
    If intScore(i) = intMax Then
        intCount += 1
    End If
Next
```

★★方法 2：更有效的方法。

```
Dim intMax
```

```
Dim intCount As Integer = 1              '计数器的初值为1
intMax = intScore(0)                     '假设第 0 个元素的值最大
For i As Integer = 0 To intScore.GetUpperBound(0)
    If intScore(i) > intMax Then
        intMax = intScore(i)             '发现与假设不符,更新 intMax
        intCount = 1                     '发现新的最大值,置初值 1
    Else
        If intScore(i) = intMax Then
            intCount += 1                '发现一个相同的最大值,计数器增 1
        End If
    End If
Next
```

12. ★★如何同步操控两个相关的一维数组

假设数组 intScore、strName 声明如下：

```
Dim intScore As Integer() = {78, 90, 54, 67, 92, 21, 50, 92, 88, 80}
Dim strName As String() = {"王一", "赵二", "张三", "李四", "钱五", _
    "孙六", "刘七", "周八", "罗九", "蒋十"
    }
```

数组 strName 的意义是保存各位同学的姓名，数组 intScore 保存的是各位同学的平均成绩，现在需要找出前三名是谁。

如果只是找出前三名的成绩，则最简单的办法是对数组 intScore 按降序排列即可。但是在排序的过程中，数组 intScore 中数据的位置会发生改变，从而成绩与姓名的对应关系也将丢失，解决办法也很简单，在改变成绩数据的位置后，同步改变相对应姓名数据的位置即可。代码如下：

```
Dim intPos As Integer
For i As Integer = 0 To intScore.GetUpperBound(0) - 1
    intPos = i
    For j As Integer = i + 1 To intScore.GetUpperBound(0)
        If Val(intScore(j)) < Val(intScore(intPos)) Then
            intPos = j
        End If
    Next
    Dim intT As Integer, strT As String
    intT = intScore(i) : intScore(i) = intScore(intPos) : intScore(intPos)
        = intT
    strT = strName(i) : strName(i) = strName(intPos) : strName(intPos) =
        strT
Next
```

7.3　测　试　题

一、单选题

1. 语句 Dim dblScore(4) 声明数组 dblScore，其数组元素的类型是（　　）。

   A. Double　　　　　B. Object　　　　　C. 不知道　　　　D. 没有说明类型

2. 下列语句声明的数组 intScore 有（　　）个元素。

   ```
   Dim intScore%(4)
   ```

   A. 1　　　　　　　B. 4　　　　　　　C. 5　　　　　　D. 3

3. 下列语句声明的数组 intScore 有（　　）个元素。

   ```
   Dim intNum%
   Dim intScore%(intNum)
   ```

   A. 1　　　　　　　　　　　　　　　B. 0

   C. 不知道　　　　　　　　　　　　D. 由变量 intNum 的值的大小决定

4. 下列程序执行后，a（a(2)）结果为（　　）。

   ```
   Dim a%(18)
   For i = 0 To 10
       a(i) = 3 * i
   Next i
   ```

   A. 10　　　　　　B. 18　　　　　　C. 20　　　　　　D. 28

5. 下列程序执行后，a(n) 与 b(n)结果为（　　）。

   ```
   Dim a(10), b(10) As Integer
   n = 3
   For i = 1 To 5
       a(i) = i
       b(n) = 2 * n + i
   Next i
   ```

   A. 13　4　　　　　B. 3　11　　　　　C. 1　13　　　　D. 2　33

6. 下列语句正确的是（　　）。

   A. Dim a(1) As Integer = {12}　　　　B. Dim a( ) As Integer = 0

   C. Dim a( ) As Integer = {12}　　　　D. Dim a(1) As Integer = {12, 12}

7. 执行下列程序时，则输出结果为（　　）。

   ```
   Dim a() = {1, 3, 5, 7}, b(4) , i As Integer
   For i = 0 To 2
   ```

```
        b(3 - i) = a(i + 1)
    Next i
    MsgBox(b(i))
```

   A．0   B．1   C．3   D．5

8．下列程序执行后，s 的值为（   ）。

```
a = {1, 2, 3, 4}
j = 1
For i = 3 To 0 Step -1
    s = s + a(i) * j
    j = j * 10
Next i
```

   A．4321   B．12   C．34   D．1234

9．在程序运行过程中，单击窗体时，下列程序的输出结果为（   ）。

```
Private Sub Form1_Click(…) Handles Me.Click
    Dim x As Array
    x = {"VB 语言", "VB.Net 语言", "C++语言", "C#语言"}
    MsgBox(x(Len(x(2)) - x.Length - x.Rank))
End Sub
```

   A．VB 语言   B．VB.Net 语言   C．C++语言   D．C#语言

10．下列窗体的 Click 事件过程 Form1_Click 的程序代码：

```
Private Sub Form1_Click(…) Handles Me.Click
    Dim a%() = {345, -54, 200, 356, 65, 23}
    Dim i As Integer, m As Integer, intIndex As Integer
    m = a(intIndex)
    For i = a.GetLowerBound(0) To a.GetUpperBound(0)
        If a(i) > m Then
            m = a(i)
            intIndex = i
        End If
    Next
    MsgBox(m & "   " & intIndex)
End Sub
```

在程序运行过程中，单击窗体时，程序的输出结果为（   ）。

   A．-24 2   B．356 4   C．345 1   D．356 3

11．下列是窗体的 Click 事件过程 Form_Click 的程序代码：

```
Dim a(10) As Integer, p(3), i, k As Integer
For i = 1 To 10
```

```
    a(i) = 2 * (i - 1) + 1
Next i
For I = 1 To 3
    p(I) = a(I * I)
Next I
For I = 1 To 3
    k = k + p(I) \ 2
Next I
MsgBox(k)
```

程序的输出结果为（　　）。

    A．5　　　　　　　　　B．7　　　　　　　　　C．9　　　　　　　　　D．11

12．下列有关 ReDim 语句的叙述中，正确的是（　　）。

    A．ReDim 语句只能更改一维数组的大小

    B．ReDim 和 Dim 语句一样，可以定义数组的大小，可以写在程序的任何地方

    C．ReDim 语句是一种非执行语句

    D．ReDim 只能用于过程内部

13．设有变量 n，其值为 3，有语句 Dim strName$(n)，则下列说法中正确的是（　　）。

    A．该语句等价于 Dim strName$ (0 To n)

    B．该语句存在语法错误，原因是数组名不正确

    C．该数组是一个含有 n 个元素的 String 类型的一维数组

    D．该语句有错，原因是在声明数组时，不能使用变量 n

14．在窗体中添加一文本框 txtScore，然后编写以下程序代码：

```
Private Sub Form1_Click(…) Handles Me.Click
    Dim a = Split(TextBox1.Text, ",")
    Dim strTemp As String
    For i = a.GetLowerBound(0) To a.GetUpperBound(0)
        strTemp &= a(i) + str(i)
    Next
    MsgBox(strTemp)
End Sub
```

在程序运行时，先在文本框中输入数据"1,2,3,4"，然后单击窗体，程序的输出结果是（　　）。

    A．2468　　　　　　　B．11223344　　　　　C．1234　　　　　　D．都不对

15．把整型数组 a 的大小更改为 6，并要求保留老数据，下列语句正确的是（　　）。

    A．ReDim a(6)　　　　　　　　　　B．ReDim Preserve a(6)

    C．ReDim a(5)　　　　　　　　　　D．ReDim Preserve a(5)

16．把整型数组 intScore 的大小更改为 6，下列语句正确的是（　　）。

    A．Array.Resize(intScore, 6)　　　　　　B．Array.Resize(intScore, 5)

C. intScore.Resize(6)　　　　　　　　D. intScore.Resize(5)

17. 下列程序执行后的结果为（　　）。

```
Dim intArray(5, 10) As Integer
For i = intArray.GetLowerBound(0) To intArray.GetUpperBound(0)
    For j = intArray.GetLowerBound(1) To intArray.GetUpperBound(1)
        intArray (i, j) = j - i
    Next
Next
MsgBox(intArray (intArray (1, 2), 4))
```

　　A. 3　　　　　　　B. 4　　　　　　　C. 5　　　　　　　D. 6

18. 假设数组 intArray 中有 6 个元素，则语句 ReDim intArray(intArray.Length)连续执行三次后，数组 intArray 的大小为（　　）。

　　A. 6　　　　　　　B. 7　　　　　　　C. 出错　　　　　D. 9

19. 下面代码的执行结果是（　　）。

```
Dim intArray(5, 5) As Integer
Dim i As Integer, j As Integer
For i = 1 To 3
    For j = 2 To 4
        intArray (i, j) = i + j
    Next
Next
MsgBox(intArray (2, 3) + intArray (3, 4) + intArray (1, 1))
```

　　A. 12　　　　　　B. 13　　　　　　C. 14　　　　　　D. 15

20. 下面代码执行后，strTemp 中的结果是（　　）。

```
Dim i, j, m, n, intArray(3, 3) As Integer, strTemp As String
For i = intArray.GetLowerBound(0) To intArray.GetUpperBound(0)
    For j = intArray.GetLowerBound(1) To intArray.GetUpperBound(1)
        If i = 1 Then intArray(i, j) = j + 1 Else intArray(i, j) = i * j
    Next
Next
For m = 1 To 2
    For n = 1 To 3
        strTemp &= intArray(m, n)
    Next n
Next m
```

　　A. 246369　　　B. 123246　　　C. 234246　　　D. 123369

二、填空题

1. ★已知数组 intArray 中的数据按升序排列，给出下列程序不完整的代码，其功能是要求将变量 x 中数据插入到数组中的适当位置，使得插入后数组保持有序，在横线处填入适当的内容。

```
For i = intArray.GetLowerBound(0) To intArray.GetUpperBound(0)
    If x < intArray(i) Then
        For j = i To intArray.GetUpperBound(0)
            k = intArray(j)
            intArray(j) = x
            x = k
        Next
        i = j
        Exit For
    End If
Next
_____
intArray(i) = x
```

2. ★已知两个按升序排列的整型数组 intA 和 intB，下列代码的功能是合并这两个数组到新数组 intC，合并后 intC 仍保持升序，在横线处填入适当的内容。

```
Dim intC%(), i%, j%, k%
For k = 0 To _____
    ReDim Preserve intC(k)
    If i = intA.Length Then
        intC(k) = intB(j) : j += 1
    ElseIf j = intB.Length Then
        intC(k) = intA(i) : i += 1
    ElseIf intA(i) < intB(j) Then
        intC(k) = intA(i) : i += 1
    Else
        intC(k) = intB(j) : j += 1
    End If
Next
```

3. ★在百米赛跑中，1～6 号选手的成绩已按照选手号码的升序依次保存在 dblDash 数组中，下列代码是按照选手赛跑成绩的降序，在标签 lblOrder 中输出他们各自的号码（以逗号分隔），在横线处填入适当的内容。

```
Dim intNum%(dblDash.Length - 1), i%, j%, k%, dblTemp#, intTemp%
For k = 0 To dblDash.Length - 1
    intNum(k) = k + 1
```

```
Next
lblOrder.Text = ""
For i = 0 To dblDash.GetUpperBound(0) - 1
    k = i
    For j = i + 1 To dblDash.GetUpperBound(0)
        If dblDash(j) > dblDash(k) Then
            k = j
        End If
    Next
    dblTemp = dblDash(i) : dblDash(i) = dblDash(k) : dblDash(k) = dblTemp
    _____

    lblOrder.Text &= intNum(i) & ","
Next
lblOrder.Text = Microsoft.VisualBasic.Left(lblOrder.Text, Len(lblOrder.
Text) - 1)
```

提示：本题已将选手的号码保存在数组 intNum 中，在排序过程中，应始终保持选手的成绩和号码的对应关系。

4. ★下列代码是使用筛选法找出 100 以内的所有素数，并分行显示在标签 lblPrime 中（每行显示 5 列，每列宽度为 5，每列右对齐）。

```
Dim intNum%(98), i%, j%, k%, strTemp$
For k = 2 To 100
    intNum(k - 2) = k
Next
lblPrime.Text = ""
k = 0
For i = 0 To intNum.GetUpperBound(0)
    If intNum(i) <> 0 Then
        For j = i + 1 To intNum.GetUpperBound(0)
            If _____ Then
                intNum(j) = 0
            End If
        Next
        strTemp = Trim(Str(intNum(i)))
        lblPrime.Text &= Space(5 - Len(strTemp)) & strTemp
        k += 1
        If k Mod 5 = 0 Then lblPrime.Text &= vbCrLf
    End If
Next
```

提示：最早提出用筛选法求素数的是古希腊著名的数学家埃拉托色尼（Eratosthenes），其方法是，在一张纸上写上 2 到 n 的全部整数，然后逐个判断它们是否是素数，找出一个非素数就把它挖掉，然后剩下的就是素数。本题采用筛选法的步骤如下。

步骤 1：从第 1 个元素 2（第 1 个非 0 元素）开始，将 2 右边的所有是 2 的倍数的整数挖去（赋 0）。

步骤 2：继续从 3（第 2 个非 0 元素）开始，将 3 右边的所有是 3 的倍数的整数挖去（赋 0）。

步骤 3：继续从 5（第 3 个非 0 元素）开始，将 5 右边的所有是 5 的倍数的整数挖去（赋 0）。

……

直到到达最后一个元素。在数组中的所有非 0 元素就都是素数。

★★本题是用效率较高的筛选法求区间 ［2，n］ 之内的所有素数。

思考：如果只是判断某一个数 x 是否是素数，但要求还是用筛选法代码应如何修改。你会做吗？

5. ★某旅馆有 0～99 号已关好门的房间，第 1 号服务员将所有房间的门全部打开，第 2 号服务员将所有房号是 2 的倍数的房间的门做相反处理，第 3 号服务员将所有房号是 3 的倍数的房间的门做相反处理（所谓相反处理，就是如果门是开的，那就关上，反之，就打开），……，依此类推，直到 100 号服务员来过后为止，将所有门是打开的房间的号码输出在标签 lblOpen 中。

```
Dim blnDoor(99) As Boolean
Dim i%, j%
For i = 1 To 100
    For j = 0 To 99
        If j Mod i = 0 Then
            blnDoor(j) = _____
        End If
    Next
Next
lblOpen.Text = ""
For i = 0 To 99
    If blnDoor(i) Then
        lblOpen.text &= i & ","
    End If
Next
lblOpen.Text = Microsoft.VisualBasic.Left(lblOpen.Text, Len(lblOpen.Text) - 1)
```

提示：本题中，房间门的打开与关闭分别用 True 和 False 表示。

8 过 程

【知识点搜索树】

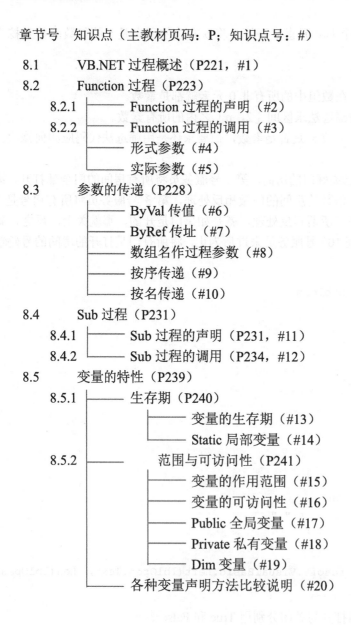

【学习要求】

1. 了解过程的概念和模块化程序设计的基本方法。
2. 掌握 Function 过程的定义与调用。
3. 掌握 Sub 过程的定义与调用。
4. 掌握过程间参数的传递方式。
5. 了解变量的生存期、作用域等概念。

8.1 知 识 要 点

1. VB.NET 过程概述

过程是代码的集合。它具有一定的独立性且完成一个特定的工作，相当于一个专业工厂，输入一些原材料，生产出相应的产品。

一个复杂的问题可以根据功能将其转化为多个小问题来解决，如果小问题还很复杂则继续细化，每个小问题可以用一个或多个模块来实现，这就是所谓的自顶向下逐步求精的过程，称为模块化程序设计。一个模块可以由一个或多个过程实现。

过程一定要先定义，后使用。

这里介绍的过程有两种：Function 过程和 Sub 过程。

当需要从过程中获取一个值时，使用 Function 过程；当不需要获取什么结果，或需要获取多个值时使用 Sub 过程。Sub 过程可以取代 Function 过程，但 Function 过程的调用方式符合人们的数学习惯。

2. Function 过程的声明

格式：

> [*访问方式*] Function *过程名*[*数据类型符*]([*形式参数表*]) [As *返回值类型*]
>   [*语句序列*]
>   [Exit Function]
>   [*语句序列*]
>   Return *表达式*
> End Function

3. Function 过程的调用

格式：

> *过程名*([*实际参数表*])

4. 形式参数

形式参数（简称形参）是定义过程时在参数表中说明的参数，可以是变量，也可以是数组。必须对每个参数进行类型说明。

5. 实际参数

实际参数（简称实参）是在调用过程时在参数表中所使用的参数。

6. ByVal 传值

在定义过程时，在形参表中的参数前可以冠以 ByVal 或 ByRef，表示此参数是传值还是传址，ByVal 表示传值，即调用过程时可将实参的值传给对应的形参，传值是单向的，即子过程对参数的更改反映不到主调过程中来。与此参数对应的实参可以是常量、变量、表达式等。

7. ByRef 传址

ByRef 表示传址，即调用过程时可将实参的地址传给对应的形参，此种方式，子过程对参数的更改能反映到主调过程中来。因此，需要从子过程带回结果时可以使用此种参数，与此参数对应的实参只能是变量或数组名。

8. 数组名作过程参数

当过程的形参是数组时，调用此过程所对应的实参必须是数组名。
例如：
有过程的定义如下。

```
Private Sub proc(ByRef Arr() As Integer,…)
    …
End Sub
```

则调用过程中应按下列方式调用。数组 a 为实参。

```
Dim a(100) As Integer
…
Call proc(a,…)
```

9. 按序传递

所谓按序传递就是按照形参的声明顺序，在调用子过程时，将实参按从左至右顺序一一对应地传递给相对应的形参。
如有子过程的定义如下：

```
Private Function fun(ByVal x As Integer, ByVal y As Integer, ByVal z As
```

```
Integer)As Integer
        ...
    End Function
```

主调过程中调用过程 fun：

```
        Result = fun(a,b,c)
```

则此时 a→x，b→y，c→z 相结合。

10. 按名传递

所谓按名传递是指与形参的声明顺序无关，在调用子过程时，用特指的顺序将某个实参与某个形参相关联。

如有子过程的定义如下：

```
    Private Function fun(ByVal x As Integer, ByVal y As Integer, ByVal z As
        Integer)As Integer
        ...
    End Function
```

如果想使 a→y，b→z，c→x 相结合，则调用方法如下：

```
    Result = fun (x : = c , y : = a , z : = b)
```

11. Sub 过程的声明

格式：

[访问方式] Sub *过程名* (*[形式参数表]*)
    [语句序列]
    [Exit Sub]
    [语句序列]
End Sub

12. Sub 过程的调用

Sub 过程的调用是单独作为一个语句来进行的，其格式：

[Call] *过程名*(*[实际参数表]*)

13. 变量的生存期

变量的生存期是指变量（或对象）从诞生到结束的这段时间。

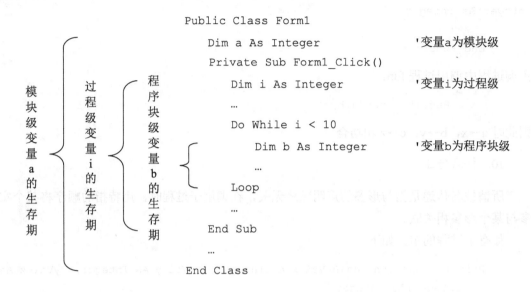

```
Public Class Form1
    Dim a As Integer                    '变量a为模块级
    Private Sub Form1_Click()
        Dim i As Integer                '变量i为过程级
        …
        Do While i < 10
            Dim b As Integer            '变量b为程序块级
            …
        Loop
        …
    End Sub
    …
End Class
```

14. Static 局部变量

Static 局部变量的生存期是从第一次进入定义变量的局部区间开始直至整个程序结束。但只有当程序执行进入到该局部区间时此变量才可用。这种类型的变量只能在过程或程序块中声明，如 Static a As Integer。

15. 变量的作用范围

变量的作用范围为一个代码集合，即一个变量能够起作用的区域。

变量的作用范围可分为四类：全局变量、模块级变量、过程级变量和程序块级变量。它们的作用范围是逐次减小。可参见知识点 13 中的代码说明。

16. 变量的可访问性

变量的可访问性是指变量在其作用的范围内是否可被访问。一般情况下，一个变量在其作用范围内都是可访问的，但如果全局变量或模块级变量与某个过程级变量或程序块级变量同名，则在变量同名的过程中或程序块中，过程级变量或程序块级变量可访问，而全局变量或模块级变量被屏蔽了。

在下述码中定义了模块级变量 a 和程序块级变量 a，两变量同名，则在作用范围重叠的区域即 Do 循环内，程序块级变量 a 可访问，模块级变量 a 不能访问。如确要访问模块级变量 a，则需加前缀，如 Form1.a。

17. Public 全局变量

用 Public 定义的变量为全局变量，可以在整个项目及其外部使用。其生命期和作用范围为整个程序，可在标准模块或窗体模块的声明段声明。

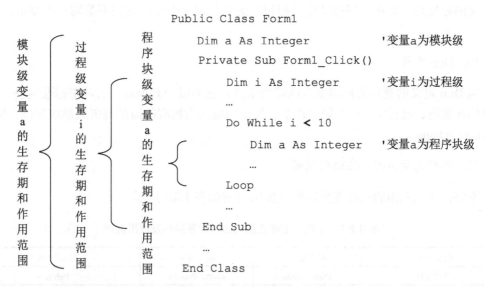

```
                              Public Class Form1
                                  Dim a As Integer              '变量a为模块级
                                  Private Sub Form1_Click()
                                      Dim i As Integer          '变量i为过程级
                                      …
                                      Do While i < 10
                                          Dim a As Integer      '变量a为程序块级
                                          …
                                      Loop
                                      …
                                  End Sub
                                  …
                              End Class
```

例如：下列示例程序是在窗体模块 Form2 中定义了一个 Public 访问方式的模块级变量 a2，且初始化为 100，则在窗体模块 Form1 中是可访问的，方法为 Form2.a2。

```
Public Class Form1
    Private Sub Button1_Click(ByVal sender As System.Object, ByVal e As
        System.EventArgs) Handles Button1.Click
        Form2.Show()
    End Sub
    Private Sub Button2_Click(ByVal sender As System.Object, ByVal e As
        System.EventArgs) Handles Button2.Click
        TextBox1.Text = Form2.a2  '在 Form1 模块中使用 Form2 中的 Public 模块级
                                  '变量
    End Sub
End Class
Public Class Form2
    Public a2 As Integer = 100      '定义一个 Public 的模块级变量
    Private Sub Button1_Click(ByVal sender As System.Object, ByVal e As
        System.EventArgs) Handles Button1.Click
        Form1.Show()
    End Sub
End Class
```

18. Private 私有变量

用 Private 定义的变量为私有变量，可在标准模块或窗体模块的声明段声明。其作用范围为模块范围，这样不同的模块可以定义相同名字的变量而表示不同意思。

例如，在知识点 17 的示例中如果将 Form2 中的变量 a2 定义为私有的，Private a2 As Integer=100，则在 Form1 中就不能被访问了，此时变量 a2 只能在模块 Form2 中使用，此种定义的好处是可以在不同模块中使用相同的名称定义变量，它们不是同一个变量，互不干扰。

19. Dim 变量

用 Dim 定义的变量为局部变量或模块变量，它类似于 Private，它可在标准模块、窗体模块的声明段、过程中、程序块中声明。其作用范围为相应的局部范围或模块范围。例如，Dim a As Integer。

20. 各种变量声明方法比较说明

不同作用域范围的三种变量声明及使用规则如表 1.8.1 所示。

表 1.8.1　不同作用域范围的三种变量声明及使用规则

变量类型	局部变量	模块变量	全局变量
声明方式	Dim、Static	Dim、Private	Public
声明位置	在过程内	模块通用声明段	模块通用声明段
能否被本模块的其他过程存取	不能	能	能
能否被其他模块存取	不能	不能	能，但在变量名前加其模块名限定

8.2　常见错误和重难点分析

1. 常见错误——类型不兼容错误

在使用过程进行程序设计时，经常会出现这样的问题（图 1.8.1），定义 Function 过程时缺少返回值类型和 Return 语句或返回值类型不兼容。例如：

```
Private Function fun(…) As Integer
    …
    Return "Wuhan"
End Function
```

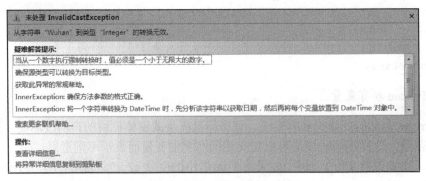

图 1.8.1　类型无法转换错误

2. 常见错误——不知定义何种访问级别的变量的问题

因为 VB.NET 是事件驱动的，在一个模块（如窗体模块）中有多个事件处理过程和自定义的过程，为了能在不同过程中使用同一变量（或对象），我们必须将此变量定义为模块级或全局级的变量而不能在过程内定义（如下面画线处），这样过程 P1 和 P2 都可以访问同一个变量 a。

```
Public Class Form1
    Dim a As Integer
    Private Sub P1(…)
        …
        a=100
        …
    End Sub
    Private Sub P2(…)
        …
        x=a
        …
    End Sub
    …
End Class
```

有时一个过程（或事件过程）可能多次执行对同一个变量进行连续操作而不是重新起始的操作，如记录鼠标单击窗体的次数，这时需要使用计数器，此计数器需要定义为模块级的，还可在过程内使用静态变量，如 Static intCount As Integer，这样每次执行此过程时变量不会再初始化。

例如，程序可以这样编写：

```
Public Class Form1
    Dim count As Integer          '定义一个模块级变量
    Private Sub Form1_Click(ByVal sender As Object, ByVal e As System.
    EventArgs) Handles Me.Click
        count = count + 1
        Me.TextBox1.Text = count
    End Sub
End Class
```

也可以这样编写：

```
Public Class Form1
    Private Sub Form1_Click(ByVal sender As Object, ByVal e As
        System.EventArgs) Handles Me.Click
        Static count As Integer '定义一个局部 Static 变量
```

```
        count = count + 1
        Me.TextBox1.Text = count
    End Sub
End Class
```

3. 常见错误——定义 ByVal 参数还是 ByRef 参数的问题

当需要通过参数带回结果时一定要用传址参数，即定义形参时需用 ByRef。不需要通过参数带回结果时用传值参数，即定义形参时需用 ByVal，这样可防止子过程对实参的修改，安全性好。

例如：教材上的例 8.2，求两个不全为 0 的正整数的最大公约数的 Function 函数。

```
Private Function Gcd(ByVal intA As Integer, ByVal intB As Integer) As
    Integer
    '求 intA 和 intB 的最大公约数的 Function 过程
    Dim intRemainder As Integer
    intRemainder = intA Mod intB
    Do While intRemainder <> 0
        intA = intB
        intB = intRemainder
        intRemainder = intA Mod intB
    Loop
    Return intB      '返回最大公约数
End Function
```

因为要得到一个结果，一般使用 Function 过程实现，结果通过 Return 语句返回。参数 intA 和 intB 只是作为函数的输入量，不需要通过它们带回什么结果，单向传递的，所以这两个参数就用 ByVal。

再如：教材上的例 8.14，要交换两个整数的过程 Swap，因为输入两个数，需要将交换后的结果带回来，故输出也是两个数，不能用 Function 过程编写，只能用 Sub 过程，两个输出量只能用参数带回到调用过程，故至少要有两个 ByRef 参数带回结果。程序如下。

```
Private Sub Swap(ByRef x As Integer,ByRef y As Integer)
    Dim intTemp As Integer
    intTemp = x
    x = y
    y = intTemp
End Sub
```

4. 常见错误——实参的书写

调用过程时，实参可以是常量、变量、表达式，而不能再用形如 ByVal a As Integer 的形参的写法。

如调用 Function 过程：

```
TextBox3.Text = Gcd(ByVal m As Integer, ByVal n As Integer)
```

这种书写就是语法错误。正确的书写方法如下：

```
TextBox3.Text = Gcd(m, n)
```

5. 编程过程中的 Function 过程和 Sub 过程的选择

在开发一个大的程序时，一般都需要使用过程进行模块化程序设计，关键问题是如何划分模块。一般根据其功能来划分，且各个模块之间要有一定的独立性，因此称其为功能模块。在 VB.NET 中常用的过程有 Function 过程和 Sub 过程。对某个独立的问题，到底是用 Function 过程还是使用 Sub 过程来实现呢？这主要还是看想从这个问题中得到多少个结果，如果想从这个问题中获取一个结果就用 Function 过程，通过 Return 语句返回。否则，没有结果，只是要这个过程做一些事，或是想获取多个结果，这时就需要用 Sub 过程，多个结果是通过 ByRef 参数带回。Function 过程就是函数过程，和内部函数一样符合人们的数学习惯，用起来方便，而 Sub 过程用途更为广泛。注意两种过程的调用方法的不同。

例如：要统计某班 VB.NET 课程高于或等于平均成绩的人数。

分析：求大于或等于平均成绩的人数可用一个过程来实现，因为要得到一个数据即人数，因此可用 Function 过程，当然也可用 Sub 过程，但用 Function 过程更符合人们的数学习惯。在求人数时，需要先知道平均成绩，故必须先求得平均成绩。同样求平均成绩也可用一个 Function 过程来实现，这样两个不同的过程各司其职，分别完成不同的工作，它们之间相互配合共同完成整个求人数的工作。这样既便于理解，也便于实现、修改和维护。

程序如下：

```
Private Function Count(ByRef score()) As Integer
    '统计高于或等于平均成绩的人数的过程
    Dim ave As Double
    Dim c, i As Integer
    ave = average(score)      '调用求平均成绩的过程
    c = 0
    For i = 0 To score.GetUpperBound(0)
        If score(i) >= ave Then
            c = c + 1
        End If
    Next
    Return c
End Function
Private Function average(ByRef score()) As Double
    '求平均成绩的过程
    Dim i As Integer
    Dim a As Double
```

```
a = 0
For i = 0 To score.GetUpperBound(0)
    a = a + score(i)
Next
a = a / score.GetLength(0)
Return a
End Function
```

8.3　测　试　题

一、单选题

1. 下列过程声明语句中正确的是（　　　）。

  A. Sub f1(ByVal　n%) As Integer   B. Function f1%(ByVal　f1%)

  C. Sub f1(ByRef　n%( ))   D. Sub f1(x(i) As Integer)

2. 要想从子过程调用后带回两个结果，下列子过程声明语句正确的是（　　　）。

  A. Sub f1(ByVal n%, ByVal m%)   B. Sub f1(ByRef n%, ByVal m%)

  C. Sub f1(ByRef n%, ByRef m%)   D. Sub f1(ByVal n%, ByRef m%)

3. 在过程中定义的变量，若希望过程执行完毕后还能保存过程中的局部变量以及其值，则应使用（　　　）关键字在过程中定义过程级变量。

  A. Dim   B. Private   C. Public   D. Static

4. 在参数传递时，如果对形参所做的修改在过程执行完毕返回到主调过程后想要它影响到实参，应采用（　　　）。

  A. 按值传递   B. 按地址传递   C. 按序传递   D. 按名称传递

5. 对于过程，下列说法正确的是（　　　）。

  A. 可以在一个过程内声明另一过程

  B. 执行 Sub 过程和 Function 过程均具有返回值

  C. Sub 过程中必须具有一条以上的 Exit Sub 语句

  D. 声明一个过程，默认的访问方式是 Public

6. 过程是 VB.NET 的基本组成单位，下例不是 VB.NET 的常用过程的是（　　　）。

  A. Sub 过程   B. Function 过程 C. Event 过程   D. Generic 过程

7. 如果一个变量仅能被本模块内的所有过程使用，而不能在其他模块的过程中使用，则该变量是（　　　）。

  A. 局部变量   B. 静态变量   C. 模块变量   D. 全局变量

8. 在 Function 过程的定义中，要想返回所需的值，至少需对函数名赋值或使用 Return 语句（　　　）。

  A. 一次   B. 两次   C. 三次   D. 四次

9. 下列关于Function过程的叙述中，正确的是（　　）。

A. 如果没有指明Function过程参数的类型，则该参数没有数据类型

B. Function过程的返回值可以有多个

C. 当数组作为Function过程的参数时，既可以按传值方式，也可以按传址方式

D. Function过程形参的类型与函数的返回值类型没有关系

10. 在窗体模块的通用声明段声明变量时不能使用（　　）关键字。

A. Dim　　　　　B. Public　　　　　C. Private　　　　　D. Static

11. 在过程定义中参数用（　　）说明，表示是传值参数。

A. Var　　　　　B. ByVal　　　　　C. ByRef　　　　　D. Value

12. 假设已定义好一个Sub过程 Sub Add(ByRef a As Single,ByVal b As Single)，则正确的调用语句是（　　）。

A. Add(12,12)　　　　　　　　　B. Call Add 2*x,math.sin(1,57)

C. Call Add(x!,y!)　　　　　　　D. Call Add(12,12,x)

二、读程序写结果

1. 程序如下：

```
Private Sub p(ByVal a As Integer)
    a = a + 1
End Sub
Private Sub pp()
    Dim n, s, x As Integer
    s = 0
    x = 1
    For n = 1 To 5
        Call p(x)
        s = s + x
    Next
    TextBox1.Text = s
End Sub
```

2. 程序如下：

```
Private Sub p(ByRef a As Integer)
    a = a + 1
End Sub
Private Sub pp()
    Dim n, s, x As Integer
    s = 0
    x = 1
    For n = 1 To 5
        Call p(x)
        s = s + x
```

```
        Next
        TextBox1.Text = s
    End Sub
```

3. 程序如下：

```
    Private Function f(ByVal m As Integer) As Integer
        Dim c As Integer
        c = 0
        Do
            If m Mod 10 = 0 Then
                c = c + 1
            End If
            m = m \ 10
        Loop Until m = 0
        Return c
    End Function
    Private Sub pp()
        TextBox1.Text = f(1203004)
    End Sub
```

4. 程序如下：

```
    Private Function f(ByVal m As Integer) As String
        Dim s As String
        Dim b As Integer
        s = ""
        Do While m > 0
            b = m Mod 10
            If b <> 0 Then
                s = b & s
            End If
            m = m \ 10
        Loop
        Return s
    End Function
    Private Sub pp()
        TextBox1.Text = f(102003)
    End Sub
```

5. 程序如下：

```
    Private Function f() As Integer
        Dim x As Integer
        x = x + 1
        Return x
    End Function
    Private Sub pp()
```

```
    Dim i, s As Integer
    s = 0
    For i = 1 To 10
        s = s + f()
    Next
    TextBox1.Text = s
End Sub
```

6. 程序如下：

```
Private Function f() As Integer
    Static x As Integer
    x = x + 1
    Return x
End Function
Private Sub pp()
    Dim i, s As Integer
    s = 0
    For i = 1 To 10
        s = s + f()
    Next
    TextBox1.Text = s
End Sub
```

三、填空题

1. 下列程序是求 1～100 以内的素数之和。请在画线处填上正确的内容，使程序正确完整。

```
Private Function isPrime(ByVal m As Integer) As Boolean
'本过程判断参数 m 是否为素数,是则返回 True,否则返回 False
    Dim k As Integer
    Dim tag As Boolean
    tag = _____【1】_____
    For k = 2 To m - 1
        If m Mod k = 0 Then
            tag = _____【2】_____
            Exit For
        End If
    Next
    Return tag
End Function
Private Sub pp()
'本过程调用 isPrime 过程,求 100 以内的素数和
    Dim n, s As Integer
```

```
    s = 0
    For n = 2 To 100
        If _____【3】_____ Then
            s = s + n
        End If
    Next
    TextBox1.Text = s
End Sub
```

2. 下列程序是用下面的公式自编一个求 sin(x)函数的程序，不断求和，直到最后一项的绝对值小于 10^{-5}。请在画线处填上正确的内容，使程序正确完整。

$$\sin(x)=\frac{x}{1!}-\frac{x^3}{3!}+\frac{x^5}{5!}-\frac{x^7}{7!}+\cdots+(-1)^n\frac{x^{2*n-1}}{(2*n-1)!}+\cdots$$

```
Private Function mySin(ByVal x As Double) As Double
'本过程求 Sin(x)
    Dim n, tag As Integer
    Dim a, b, y, an As Double
    y = 0
    n = 1
    tag = 1    'tag 表示符号
    a = x      'a 表示分子
    b = 1      'b 表示分母
    Do
        an = tag * a / b
        y = y + an
        n = n + 2
        a = _____【1】_____
        b = _____【2】_____
        tag = _____【3】_____
    Loop Until Math.Abs(an) < 0.00001
    Return y
End Function
Private Sub pp()
'本过程求 Sin(1)和 Sin(30°)
    TextBox1.Text = mySin(1)                    '求 1 个弧度的 Sin(x)
    TextBox2.Text = mySin(30 * 3.14 / 180)      '求 30°的 Sin(x)
End Sub
```

3. 下列程序是求 $s=1^1+2^2+3^3+4^4+\cdots\cdots+n^n$。请在画线处填上正确的内容，使程序正确完整。

```
Private Function pow(ByVal x As Integer) As Double
'本过程求 x^x
```

```
        Dim p As Double
        Dim i As Integer
        p = 1
        For i = 1 To _____【1】_____
            p =_____【2】_____
        Next
        Return p
    End Function
    Private Sub Sum()
    '本过程求和 s
        Dim n, m As Integer
        Dim s As Double
        m = Val(TextBox1.Text)
        s = 0
        For n = 1 To m
            s =_____【3】_____
        Next
        TextBox2.Text = s
    End Sub
```

4. 下列程序是用牛顿迭代法求方程 $2x^3-4x^2+3x-6=0$ 在 1.5 附近的根。仔细阅读程序，请在画线处填上正确的内容，使程序正确完整。

牛顿迭代法的公式为 $x_{n+1}=x_n-f(x_n)/f'(x_n)$。

```
    Private Function f(ByVal x As Double) As Double
    '定义原函数
        Dim y As Double
        y =_____【1】_____
        Return y
    End Function
    Private Function f1(ByVal x As Double) As Double
    '定义导函数
        Dim y As Double
        y = _____【2】_____
        Return y
    End Function
    Private Function nt(ByVal x As Double) As Double
    '定义牛顿公式
        Return_____【3】_____
    End Function
    Private Sub pp()
    '本过程用迭代法求方程在 1.5 附近的根
        Dim x0, x1 As Double
```

```
    x1 = 1.5
    Do
       x0 =_____【4】_____
       x1 =_____【5】_____
    Loop Until Math.Abs(x1 - x0) < 0.00001
    TextBox1.Text = x1
End Sub
```

9 用户界面设计

【知识点搜索树】

章节号　知识点（主教材页码：P；知识点号：#）

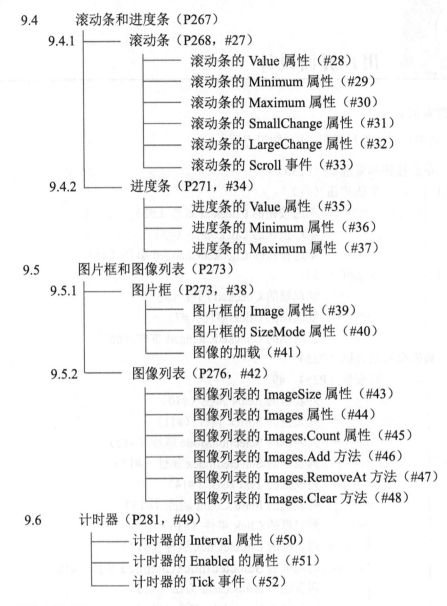

9.4　　　滚动条和进度条（P267）

9.4.1 ┬── 滚动条（P268，#27）

　　├── 滚动条的 Value 属性（#28）

　　├── 滚动条的 Minimum 属性（#29）

　　├── 滚动条的 Maximum 属性（#30）

　　├── 滚动条的 SmallChange 属性（#31）

　　├── 滚动条的 LargeChange 属性（#32）

　　└── 滚动条的 Scroll 事件（#33）

9.4.2 ┬── 进度条（P271，#34）

　　├── 进度条的 Value 属性（#35）

　　├── 进度条的 Minimum 属性（#36）

　　└── 进度条的 Maximum 属性（#37）

9.5　　　图片框和图像列表（P273）

9.5.1 ┬── 图片框（P273，#38）

　　├── 图片框的 Image 属性（#39）

　　├── 图片框的 SizeMode 属性（#40）

　　└── 图像的加载（#41）

9.5.2 ┬── 图像列表（P276，#42）

　　├── 图像列表的 ImageSize 属性（#43）

　　├── 图像列表的 Images 属性（#44）

　　├── 图像列表的 Images.Count 属性（#45）

　　├── 图像列表的 Images.Add 方法（#46）

　　├── 图像列表的 Images.RemoveAt 方法（#47）

　　└── 图像列表的 Images.Clear 方法（#48）

9.6　　　计时器（P281，#49）

　　├── 计时器的 Interval 属性（#50）

　　├── 计时器的 Enabled 的属性（#51）

　　└── 计时器的 Tick 事件（#52）

【学习要求】

1. 掌握单选按钮和复选框的属性设置与编程。

2. 掌握列表框和组合框的属性设置与编程。

3. 掌握滚动条的属性设置与编程。

4. 掌握图片框的属性设置与编程。

5. 掌握计时器的属性设置与编程。

6. 了解进度条、图像列表、分组控件和面板控件。

7. 综合应用 VB.NET 各种常用控件进行可视化界面设计。

9.1　知识要点

1. 单选按钮

单选按钮通常以组的形式出现，一组单选按钮控件可以提供彼此相互排斥的选项，只允许用户在其中选择一项。单选按钮的左边有一个小圆圈。当某项被选中后，会在其左边小圆圈里出现一个点。

2. 单选按钮的 Checked 属性

单选按钮的 Checked 属性的主要作用是检查单选按钮是否被选中。Checked 属性值是逻辑型，为 True 时表示单选按钮被选中，为 False 时表示未被选中。

3. 单选按钮的 Click 事件

单击单选按钮时将触发 Click 事件。当单击处于选中状态的单选按钮时，并不会引起单选按钮状态的变化；当单击处于未选中状态的单选按钮时，会使此按钮的状态变为选中，并使原来处于选中状态的按钮变为未选中。

4. 单选按钮的 CheckedChanged 事件

在单选按钮选择状态发生改变（即单选按钮的 Checked 属性值发生变化）时将触发 CheckedChanged 事件。

5. 复选框

复选框为用户提供多个选项组成的集合。复选框的左边有一个小方框，复选框选中时会在小方框里出现一个钩。一组复选框控件可以提供多个选项，它们彼此独立工作，所以用户可以同时选择任意多个选项。

6. 复选框的 Checked 属性

复选框的 Checked 属性的值是逻辑型。当复选框处于选中状态时，Checked 的值为 True；当复选框处于未选中状态时，Checked 的值为 False。

7. 复选框的 Click 事件

单击复选框时将触发 Click 事件。当用户单击复选框时，将会引起复选框状态的变化。如果原来为选中状态，单击后变成未选中状态；如果原来为未选中状态，单击后变成选中状态。

8. 复选框的 CheckedChanged 事件

在复选框选择状态发生改变（即复选框的 Checked 属性值发生变化）时将触发

CheckedChanged 事件。

9. 列表框

列表框控件是一个显示多个项目的列表，便于用户选择一个或多个列表项目，但不能直接修改其中的内容。

10. 列表框的 Items 属性

列表框的各个列表项的值存放在列表框的 Items 属性中，Items 属性的实质是一个字符串数组。

11. 列表框的 Sorted 属性

Sorted 属性确定是否对列表框中的各项进行排序。默认为 False，即按照加入列表时的先后顺序排列，如果为 True，则按照字母或数字升序排列。

12. 列表框的 SelectionMode 属性

SelectionMode 属性指示列表框是单项选择、多项选择还是不可选择。SelectionMode 属性可取下面的值。

1）SelectionMode.None：不能在列表框中选择。

2）SelectionMode.One（默认值）：只能选择一项，选择另一项时将自动取消对前一项的选择。

3）SelectionMode.MultiSimple：简单多选，选择某一项后，不会取消前面所选项；如果要取消已选择的项，只要再次单击该项。

4）SelectionMode.MultiExtended：扩展多选，可用鼠标配合 Shift 或 Ctrl 键来进行选择。

13. 列表框的 SelectedIndex 属性

SelectedIndex 属性指示被选中项目的下标。

14. 列表框的 Text 属性

Text 属性指示列表框中被选中项的文本。

注意：当列表框的 SelectionMode 的属性值为 MultiSimple 或 MultiExtended 时，SelectedIndex 的值为选中的最小下标，Text 的值为选中的下标最小的选项值。

15. 列表框的 Items.Count 属性

Items.Count 属性表示列表框中列表的项数。因为 Items 数组的下标从 0 开始，所以 Items.Count 属性的值比 Items 数组最后一项的下标值大 1。

16. 列表框的 Click 事件

单击列表框时触发 Click 事件。

17. 列表框的 DoubleClick 事件

双击列表框时触发 DoubleClick 事件。

18. 列表框的 SelectedIndexChanged 事件

列表框中选中项发生变化时触发 SelectedIndexChanged 事件。

19. 列表框的 Items.Clear 方法

Items.Clear 方法用于删除列表框的所有项目。
格式：

```
Public Overridable Sub Clear()
```

调用方式：

列表框名.Items.Clear()

20. 列表框的 Items.Add 方法

Items.Add 方法用于向列表框的尾部添加项目。
格式：

```
Public Function Add(item As Object) As Integer
```

调用方式：

列表框名.Items.Add(*添加项内容*)

21. 列表框的 Items.Insert 方法

Items.Insert 方法用于在列表框的指定位置插入一项。
格式：

```
Public Sub Insert(index As Integer, item As Object)
```

调用方式：

列表框名.Items.Insert(*下标*, *添加项内容*)

22. 列表框的 Items.Remove 方法

Items.Remove 方法用于删除列表框中指定内容的列表项。
格式：

```
Public Sub Remove(value As Object)
```

调用方式：

列表框名.Items.Remove(*删除项内容*)

23. 列表框的 Items.RemoveAt 方法

Items.RemoveAt 方法用于删除列表框中指定位置的列表项。

格式：

```
Public Sub RemoveAt(index As Integer)
```

调用方式：

列表框名.Items.RemoveAt(*下标*)

例如，如图 1.9.1 所示，在窗体上有一个列表框，两个标题分别为"上移"和"下移"的按钮，在列表框中选中一项，单击"上移"按钮后，该列表项上移一位，单击"下移"按钮后，列表框下移一位。

图 1.9.1　移动项目程序的界面

```
Private Sub Form1_Load(ByVal sender As System.Object, ByVal e As System.
    EventArgs) Handles MyBase.Load          '程序启动时向列表框中添加 7 个项目
    ListBox1.Items.Add("美国")
    ListBox1.Items.Add("中国")
    ListBox1.Items.Add("德国")
    ListBox1.Items.Add("法国")
    ListBox1.Items.Add("英国")
    ListBox1.Items.Add("日本")
    ListBox1.Items.Add("韩国")
End Sub
Private Sub btnUp_Click(ByVal sender As System.Object, ByVal e As System.
    EventArgs) Handles btnUp.Click      '将当前选中的项目上移一位
    Dim CurrentText As String           '用于记录当前项目的文本
    Dim CurrentPos As Integer           '用于记录当前项目的下标（位置）
    If ListBox1.SelectedIndex > 0 Then
        CurrentText = ListBox1.Text
        CurrentPos = ListBox1.SelectedIndex
        '将当前项目的上一个项目下移
```

```
        ListBox1.Items(CurrentPos) = ListBox1.Items(CurrentPos - 1)
        '将当前项目上移
        ListBox1.Items(CurrentPos - 1) = CurrentText
        '当前位置上移
        ListBox1.SelectedIndex -= 1
    End If
End Sub
Private Sub btnDown_Click(ByVal sender As System.Object, ByVal e As
    System.EventArgs) Handles btnDown.Click  '将当前选中的项目下移一位
    Dim CurrentText As String                '用于记录当前项目的文本
    Dim CurrentPos As Integer                '用于记录当前项目的下标(位置)
    If ListBox1.SelectedIndex >= 0 And ListBox1.SelectedIndex < ListBox1.
    Items.Count - 1 Then
        CurrentText = ListBox1.Text
        CurrentPos = ListBox1.SelectedIndex
        '将当前项目的下一个项目上移
        ListBox1.Items(CurrentPos) = ListBox1.Items(CurrentPos + 1)
        '将当前项目下移
        ListBox1.Items(CurrentPos + 1) = CurrentText
        '当前位置下移
        ListBox1.SelectedIndex += 1
    End If
End Sub
```

24. 组合框

组合框控件是将文本框和列表框的功能融合在一起的一种控件。因此从外观上看，它包含列表框和文本框两个部分，程序运行时，在列表框中选中的列表项会自动填入文本框。

组合框属性如 Items、Sorted、SelectedIndex、Text、Items.Count 等与列表框控件的对应属性相同。

组合框的常用方法包括 Items.Clear、Items.Add、Items.Insert、Items.Remove、Items.RemoveAt 等，功能和使用方法与列表框相同。

25. 组合框的 DropDownStyle 属性

DropDownStyle 属性用于控制组合框的外观和功能。DropDownStyle 属性可取下面的值。

1）ComboBoxStyle.Simple：简单组合框，布局上相当于文本框与列表框的组合。

2）ComboBoxStyle.DropDown（默认值）：一般组合框，既可以单击下拉箭头进行选择，也可以在文本框中直接输入。

3）ComboBoxStyle.DropDownList：下拉组合框，只能通过单击下拉箭头进行选择。

26. 分组控件和面板控件

分组控件和面板控件可以在界面设计中将相关的窗体元素进行可视化分组、编程分组（如对单选按钮进行分组）或者在设计时将多个控件作为一个单元来移动。

分组控件和面板控件的区别是分组控件可以显示标题，面板控件可以有滚动条；分组控件有 Text 属性来标记自己，而面板控件没有 Text 属性来标记自己，所以用户一般可以在面板控件的上面添加一个标签控件来标记它。

27. 滚动条

在 VB.NET 中，滚动条控件分为水平滚动条（HScrollBar）控件和垂直滚动条（VScrollBar）控件，常常与图片框控件等需要浏览信息，但本身不支持滚动功能的控件配合使用，为它们提供滚动浏览信息的功能；滚动条也可以作为用户信息输入的控件，如在多媒体应用程序中，使用滚动条来作为控制音量的设备。

28. 滚动条的 Value 属性

Value 属性表示滑块当前位置的值，默认值为 0。

29. 滚动条的 Minimum 属性

Minimum 属性表示滑块最小位置值，默认值为 0。

30. 滚动条的 Maximum 属性

Maximum 属性表示滑块最大位置值，默认值为 100。

31. 滚动条的 SmallChange 属性

SmallChange 属性表示单击滚动条两端箭头时，Value 属性（滑块位置）的改变值。

32. 滚动条的 LargeChange 属性

LargeChange 属性表示单击滚动条空白区域时，Value 属性（滑块位置）的改变值。

33. 滚动条的 Scroll 事件

当在滚动条内拖动滑块、单击滚动条空白区域或单击滚动条两端箭头时触发 Scroll 事件。

34. 进度条

进度条的功能是指示当前任务执行的进度。进度条通过 Value、Minimum 和 Maximum 属性显示事务的进展。

35. 进度条 Value 属性

Value 属性表示进度条当前的位置值。

36. 进度条的 Minimum 属性

Minimum 属性表示进度条可变化的最小值。

37. 进度条的 Maximum 属性

Maximum 属性表示进度条可变化的最大值。

38. 图片框

图片框是一个容器控件，通常使用图片框来显示位图、元文件、图标、JPEG、GIF 或 PNG 文件中的图形。

39. 图片框的 Image 属性

Image 属性用于获取或设置图片框显示的图像。

40. 图片框的 SizeMode 属性

SizeMode 属性用于设置图片框中图像的大小和位置及图片框控件的大小。SizeMode 属性可取下面的值。

1）PictureBoxSizeMode.Normal（默认值）：图像置于图片框的左上角，图像中过大而不适合图片框的部分将被剪裁掉。

2）PictureBoxSizeMode.StretchImage：将图像拉伸或收缩，以适合图片框的大小。

3）PictureBoxSizeMode.AutoSize：使图片框控件调整大小，以便总是适合图像的大小。

4）PictureBoxSizeMode.CenterImage：使图像居于图片框的中心。

5）PictureBoxSizeMode.Zoom：图像大小按其原有的大小比例被缩放，其高度或宽度之一与图片框一致。

41. 图像的加载

在图片框中，图像的加载和清除方法有两种。

（1）在设计阶段通过属性窗口进行设置

单击属性窗口中 Image 属性右侧的省略号按钮，打开"选择资源"对话框，选中"本地资源"单选按钮，单击其下方的导入按钮，在"打开"对话框中选择所需的图像文件，导入图像显示在图片框中。

（2）在运行阶段使用 Image.FromFile 方法

格式：

```
控件名.Image = Image.FromFile("带路径的图像文件名")
```

42. 图像列表

图像列表是一个图片集管理器，支持 BMP、GIF 和 JPG 等图像格式。其属性 Images 用于保存多幅图片以备其他控件使用，其他控件可以通过图像列表控件的索引号和关键字引用图像列表控件中的每个图片。

43. 图像列表的 ImageSize 属性

ImageSize 属性定义列表中图像的高度和宽度。默认高度和宽度是 16 像素×16 像素，最大值为 256 像素×256 像素。

44. 图像列表的 Images 属性

Images 属性保存图片的集合，可以通过属性窗口打开图像集合编辑器来添加图片。

45. 图像列表的 Images.Count 属性

Images.Count 属性用于获取 Images 集合中图片的数目。

46. 图像列表的 Images.Add 方法

Images.Add 方法用于添加图像到图像列表的末尾处。

格式：

```
Public Sub Add(image As System.Drawing.Image)
```

调用方式：

图像列表名.Items.Add(*图像对象*)

47. 图像列表的 Images.RemoveAt 方法

Images.RemoveAt 方法用于删除图像列表中指定位置的图像。

格式：

```
Public Sub RemoveAt(index As Integer)
```

调用方式：

图像列表名.Items.RemoveAt(*下标*)

48. 图像列表的 Images.Clear 方法

Images.Clear 方法用于删除图像列表中的所有图像。

格式：

```
Public Sub Clear()
```

调用方式：

图像列表名.Items.Clear()

49. 计时器

计时器对象相当于一个时钟，程序运行时，每经过一个设定的时间间隔，该对象就会引发一个计时事件，因此对于按照时间间隔规律，需要反复执行的代码可通过计时器引发计时事件来执行。

50. 计时器的 Interval 属性

Interval 属性是 Tick 事件发生的时间间隔，该属性以 ms 为单位。

51. 计时器的 Enabled 属性

Enabled 属性决定是否启用计时器，其值为逻辑型，默认值为 False。

52. 计时器的 Tick 事件

当计时器的 Enabled 属性值为 True 且 Interval 属性值大于 0 时，Tick 事件每间隔 Interval 属性值时长发生一次。如果计时器的 Enabled 属性为 False 或 Interval 属性为 0，计时器将停止运行，Tick 事件不会响应。

例如，设计一个如图 1.9.2 所示的字幕滚动程序。要求用计时器和滚动条调节和控制字幕滚动速度，字幕由右向左连续滚动。

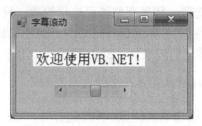

图 1.9.2　字幕滚动程序的界面

```
Private Sub Form2_Load(ByVal sender As System.Object, ByVal e As System.
    EventArgs) Handles MyBase.Load
    Timer1.Interval = 100
    Timer1.Enabled = True
    HScrollBar1.Minimum = 0
    HScrollBar1.Maximum = 10
    HScrollBar1.Value = 5
    HScrollBar1.SmallChange = 1
    HScrollBar1.LargeChange = 2
End Sub
Private Sub Timer1_Tick(ByVal sender As System.Object, ByVal e As
    System.EventArgs) Handles Timer1.Tick      'Tick 事件每隔 0.1ms 发生一次
    Label1.Left = Label1.Left - HScrollBar1.Value
```

```
    If Label1.Left < 0 Then Label1.Left = Me.Width
End Sub
```

9.2　常见错误和重难点分析

1. 使多个单选按钮处于选中状态

由于一组单选按钮控件提供彼此相互排斥的选项，因此当在窗体中放置多个单选按钮时，只能有一个单选按钮处于选中状态。

为了将多个单选按钮分组，并使每组均能有一个单选按钮处于选中状态，需要使用分组控件或面板控件。例如，首先在窗体中放置两个分组控件，再分别在每个分组控件中放置三个单选按钮，则每个分组控件中都可以有一个单选按钮处于选中状态，共有两个单选按钮处于选中状态。

2. 允许用户在列表框中选择多项

将列表框的 SelectionMode 属性值设置为 MultiSimple 或 MultiExtended，则用户可以在列表项中选择多项，方法如下：

1）当 SelectionMode 属性值为 MultiSimple 时，直接单击所有需要选择的列表项，选择某一项后，不会取消前面所选项。如果要取消已选择的项，只要再次单击该项。

2）当 SelectionMode 属性值为 MultiExtended 时，可用鼠标配合 Shift 或 Ctrl 键来进行选择。Ctrl 用于选中多个不连续的列表项，Shift 用于选中多个连续的列表项。

3. 改变滚动条 Value 属性值的方法

Value 属性值决定了滚动条滑块的位置，程序运行时，用户可以使用 3 种方法改变滑块的位置，从而改变 Value 属性的值：

1）用鼠标指针拖动滑块。

2）单击滚动条两端箭头。

3）单击滚动条空白区域。

当 Value 的值发生改变时，滚动条的 Scroll 事件被触发。

4. 常见错误——计时器及其 Tick 事件过程不起作用

当计时器的 Enabled 属性值为 False 或 Interval 属性值为 0 时，计时器及其 Tick 事件过程是不起作用的。与大多数控件不同，计时器的 Enabled 属性默认值为 False，因此在使用计时器之前需要在属性窗口或代码中将 Enabled 属性值设置为 True。

5. 常见错误——图片框中加载的图像只能显示左上部分

图片框的 SizeMode 属性的默认值为 Normal，含义为图像置于图片框的左上角，凡是因过大而不适合图片框的任何图像部分都将被剪裁掉。因此，当图像的尺寸大于图片框的尺寸时，加载图像后，只有图像的左上部分显示在图片框中。

为了使图像完全显示在图片框中，可以将图片框的 SizeMode 属性值设置为 StretchImage，其含义是将图像拉伸或收缩，以适合图片框的大小。

9.3 测 试 题

一、单选题

1. 在下列关于单选按钮和复选框的说法中，错误的是（　　）。

    A. 某个单选按钮被单击一定会触发它的 CheckedChanged 事件

    B. 一个单选按钮状态发生变化，同一组中必有另一个单选按钮的状态也发生变化

    C. 某个复选框被单击一定会触发它的 CheckedChanged 事件

    D. 一个复选框的状态发生变化，不会影响其他复选框的状态

2. 复选框是否被选中，是由其（　　）属性值决定的。

    A. Checked   B. Value   C. Enabled   D. Selected

3. 在设计状态，列表框中的选项可以通过（　　）属性设置。

    A. List   B. Items.Count   C. Text   D. Items

4. 若要获知列表框中列表的总项目数，可通过（　　）属性值来得到。

    A. List   B. Text   C. Items.Count   D. Items

5. 列表框的（　　）属性是数组。

    A. Items   B. Text   C. Items.Count   D. SelectedIndex

6. 引用列表框 ListBox1 的最后一项应使用（　　）。

    A. `ListBox1.Items( ListBox1.Items.Count )`

    B. `ListBox1.Items( ListBox1.SelectedIndex )`

    C. `ListBox1.Text`

    D. `ListBox1.Items( ListBox1.Items.Count - 1 )`

7. 将数据项"China"添加到列表框 List1 中，成为排在最前面的第 1 项，语句为（　　）。

    A. `List1.Items.Insert(0, "china")`

    B. `List1.Items.Insert("china", 0)`

    C. `List1.Items.add(0, "china")`

    D. `List1.Items.add("china", 0)`

8. 要清除列表框 ListBox1 中的所有内容，可以使用（　　）语句。

    A. `ListBox1.Items.CLS()`   B. `ListBox1.Items.Clear()`

    C. `ListBox1.Items.Delete()`   D. `ListBox1.Items.Remove()`

9. 在窗体 Form1 上有一个列表框 ListBox1，编写如下两个事件过程：

```
Private Sub Form1_Load(…) Handles MyBase.Load
```

```
        ListBox1.Items.Add("ItemA")
        ListBox1.Items.Add("ItemB")
        ListBox1.Items.Add("ItemC")
        ListBox1.Items.Add("ItemD")
        ListBox1.Items.Add("ItemE")
    End Sub
    Private Sub Form1_Click(…) Handles Me.Click
        ListBox1.Items.RemoveAt(1)
        ListBox1.Items.RemoveAt(3)
        ListBox1.Items.RemoveAt(2)
    End Sub
```

运行程序，然后单击窗体，则列表框 ListBox1 中显示的项目为（　　）。

    A．ItemA 和 ItemB　　　　　　　　　B．ItemB 和 ItemD

    C．ItemD 和 ItemE　　　　　　　　　D．ItemA 和 ItemC

10．为了在列表框中使用 Ctrl 和 Shift 键进行多个列表项的选择，应将列表框的 SelectionMode 属性设置为（　　）。

    A．None　　　　　B．One　　　　　C．MultiSimple　　　D．MultiExtended

11．设组合框 ComboBox1 中有 3 个项目，则能删除最后一项的语句是（　　）。

    A．`ComboBox1.Items.Remove(ComboBox1.Text)`

    B．`ComboBox1.Items.Remove(2)`

    C．`ComboBox1.Items.RemoveAt(3)`

    D．`ComboBox1.Items.RemoveAt(2)`

12．若要获得滚动条滑块的当前位置，可以通过访问（　　）属性来实现。

    A．Maximum　　　　B．Minimum　　　　C．Value　　　　　D．Current

13．表示滚动条控件滑块位置取值范围最大值的属性是（　　）。

    A．LargeChange　　B．Maximum　　　　C．Value　　　　　D．Max-Min

14．滚动条产生 Scroll 事件是因为（　　）值改变了。

    A．LargeChange　　B．Maximum　　　　C．Value　　　　　D．SmallChange

15．窗体上有一个名为 HScrollBar1 的水平滚动条和一个名为 TextBox1 的文本框。当移动滚动条中的滑块时，在文本框中显示滑块的当前位置值。下列能实现上述操作的程序段是（　　）。

    A．
```
Private Sub HScrollBar1_GotFocus(…) Handles HScrollBar1.GotFocus
    TextBox1.Text = HScrollBar1.Value
End Sub
```

    B．
```
Private Sub HScrollBar1_Scroll(…) Handles HScrollBar1.Scroll
    TextBox1.Text = HScrollBar1.Value
End Sub
```

    C．
```
Private Sub TextBox1_KeyPress(…) Handles TextBox1.KeyPress
    TextBox1.Text = HScrollBar1.Value
End Sub
```

D. `Private Sub TextBox1_TextChanged(…) Handles TextBox1.TextChanged`

    `TextBox1.Text = HScrollBar1.Value`

  `End Sub`

16．在下列属性和事件中，属于滚动条和进度条共有的是（　　　）。

    A．Scroll   B．Value   C．LargeChange   D．Step

17．要使载入图片框的图像拉伸或收缩，以适合图片框的大小，则要设置图片框 SizeMode 属性的值为（　　　）。

    A．Normal   B．AutoSize   C．StretchImage   D．Zoom

18．为了清除图片框 PictureBox1 中的图像，可使用语句（　　　）。

    A．`PictureBox1.Clear()`

    B．`PictureBox1.Image = Image.FromFile("")`

    C．`PictureBox1.Image = Image.FromFile()`

    D．`PictureBox1.Image = Nothing`

19．要使计时器控件的 Tick 事件每 2s 触发一次，则需设置 Interval 属性值为（　　　）。

    A．1000   B．2000   C．200   D．2

20．下列叙述正确的是（　　　）。

    A．可以通过将 Interval 属性赋值为 0，以使得计时器停止工作

    B．可以通过将计时器的 Enabled 属性设置为 True，以使得计时器停止工作

    C．要计时器定时触发 Tick 事件，只需将 Interval 属性设置为 True

    D．将计时器的 Enabled 属性设置为 True，计时器就能定时触发 Tick 事件

21．下列控件中不能接受 GotFocus 和 LostFocus 事件的是（　　　）。

    A．命令按钮   B．复选框   C．滚动条   D．计时器

22．下列控件中，没有 Text 属性的是（　　　）。

    A．列表框   B．复选框   C．分组控件   D．面板控件

23．下列不属控件的一项是（　　　）。

    A．文本框   B．标签框   C．列表框   D．消息框

24．（　　　）对象不能响应 Click 事件。

    A．计时器   B．图片框   C．窗体   D．列表框

25．不能作为容器的对象是（　　　）。

    A．窗体   B．分组控件   C．文本框   D．面板控件

26．用来设置斜体字的属性是（　　　）。

    A．FontStyle.Underline   B．FontStyle.Italic

    C．FontStyle.Bold   D．FontStyle.Regular

二、填空题

1．当单选按钮的 Checked 属性值为＿＿＿＿＿＿时，表示该单选按钮处于未选中状态。

2．程序填空。下列程序段是将列表框 ListBox1 中重复的项目删除，只保留一项。

```
Dim i, j As Integer
For i = 0 To ListBox1.Items.Count - 1
    For j = ListBox1.Items.Count - 1 To ___【1】___ Step -1
        If ListBox1.Items(i) = ListBox1.Items(j) Then
                ___【2】___
        End If
    Next j
Next i
```

3．组合框是组合了文本框和列表框的特性而形成的一种控件。_____风格的组合框不允许用户在文本框中直接输入。

4．如果有三个单选按钮直接画在窗体上，另有四个单选按钮画在分组控件中，则运行时，可以同时选中_____个单选按钮。

5．使用滚动条时，若要设置当单击滚动条两端的箭头时的滚动幅度，需设置_____属性。

6．当用户单击滚动条中的空白时，滑块移动的增量值由_____属性决定。

7．当用鼠标指针拖动滚动条的滑块时，触发_____事件。

8．进度条控件的当前位置值可通过_____属性来得到。

9．要把图形文件"C:\sample\flower.jpg"装载到图片框 PictureBox1，使用的语句为_____。

10．在设计阶段为图片框加载图像，需要设置图片框的_____属性。

11．为了能使载入的图像居于图片框的中心，必须把该图像框的 SizeMode 属性设置为_____。

12．图像列表控件是一个图片集管理器，对于所有有_____属性的控件，都可以与图像列表控件相关联。

13．将图像文件"C:\sample\car.jpg"的图像添加到图像列表 ImageList1 中去，使用的语句为_____。

14．计时器控件的 Interval 属性的单位是_____。

VB.NET 绘图

【知识点搜索树】

章节号　知识点（主教材页码：**P**；知识点号：#）

【学习要求】

1. 了解 VB.NET 绘图的.NET 架构中的 GDI+类库。
2. 掌握 VB.NET 绘图的常用工具。
3. 掌握 VB.NET 绘图的基本步骤。
4. 掌握 VB.NET 绘图中 Graphics 类的常用的绘图方法。

10.1 知 识 要 点

在 VB.NET 中,绘图是利用.NET 框架所提供的 GDI+类库进行的,可以很容易地绘制各种图形,处理位图图像和各种图像文件。

学习 VB.NET 绘图必须了解其绘图步骤,大致可包括如下几步。

第一步:设置画布,如窗体、PictureBox 等及其大小。

第二步:定义绘图对象、画笔和其他需定义的内容,格式如下。

```
Dim g As Graphics
Dim p As New Pen(Color.Red,3)
```

第三步:将绘图对象与画布关联。格式如下。

```
g = Me.CreateGraphics()
```

第四步:使用绘图对象的方法作画。格式如下。

```
g. DrawLine(p,10,10,100,100)
```

1. 命名空间

GDI+类库是一个很大的代码集合,也就是子程序库,包含了许多已定义好的类,为了编程的方便,把这些类归到不同的命名空间中,所以一个命名空间也是类的集合。用户可以使用,但必须要有 Import 说明,将所需要的命名空间引入。绘图所需要的各个命名空间有 System.Drawing 命名空间、System.Drawing.Drawing2D 命名空间、System.Drawing.Imaging 命名空间、System.Drawing.Text 命名空间。

2. 坐标系

坐标系是图形设计的基础,绘制图形都是在一个坐标系中进行的。绘图是在一个被称为画布的工具上进行的,画布的坐标原点(0,0)均设在其左上角,X 轴向右,Y 轴向下,称为物理坐标系,如图 1.10.1 所示。这和数学中的 X 轴向右,Y 轴向上的坐标系是不一样的,可把数学中的坐标系称为逻辑坐标系。

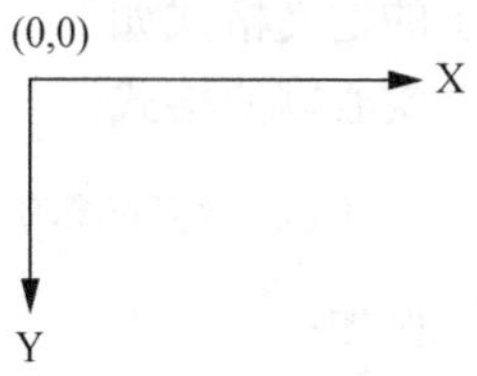

3. 像素

当在屏幕上绘制图形时，实际上是通过一个点阵来建立图形的，屏幕上的这些点称为像素点，每个像素点都可以有各种不同的颜色。

图 1.10.1　画布的物理坐标系

4. 绘图对象

VB.NET 绘图都必须有绘图对象，通过绘图对象进行绘图，首先必须定义一个绘图对象。定义绘图对象的格式：

```
Dim 绘图对象名 As Graphics
```

例如：

```
Dim g As Graphics
```

5. 画布

画布是绘画的平台，可以是任何图形对象，如窗体、PictureBox 等，必须将一个绘图对象与画布关联，通过绘图对象在画布上作画。

格式：

```
绘图对象名=画布对象名.CreateGraphics()
```

例如：

```
g = Me.CreateGraphics()
```

这里 Me 为当前窗体，即是画布。

6. 画笔

画笔（Pen）是绘画必备的工具，是 Pen 类的一个实例，可以定义很多画笔，每一支画笔可以有不同的颜色、宽度（即粗细），甚至可以有不同的线型。

创建画笔的格式：

```
Dim 画笔对象名 As New Pen(颜色|刷子[,宽度])
```

或

```
Dim 画笔对象名 As Pen
画笔对象名= New Pen(颜色|刷子[,宽度])
```

例如：

```
Dim p As New Pen(Color.Red,3)
```

7. 刷子

刷子（Brush）主要用来填充图形，具有各种颜色和图案。VB.NET 有四种刷子，各种刷子的定义格式如下。

实心刷的格式：

```
Dim 刷子对象名 As New SolidBrush(颜色)
```

例如：

```
Dim b As New SolidBrush(Color.White)
```

阴影刷子的格式：

```
Dim 刷子对象名 As New HatchBrush(阴影类型,前景颜色[,背景颜色])
```

例如：

```
Dim b As New HatchBrush (HatchStyle. BackwardDiagonal , Color.Red,
    Color.White)
```

纹理刷子的格式：

```
Dim 刷子对象名 As New TextureBrush (图像[,模式])
```

例如：

```
Dim b As New TextureBrush (New Bitmap("c:\a.bmp", WarpMode. Clamp)
```

渐变刷子的格式：

```
Dim 刷子对象名 As New LinearGradientBrush(矩形,起始颜色,终止颜色,模式)
```

例如：

```
Dim rect As New Rectangle(0, 0, 100, 100)
Dim lb As New LinearGradientBrush(rect, Color.Red, Color.Blue, Linear-
    GradientMode.Vertical)
```

8. 颜色

颜色是一个 Color 结构数据类型。

格式：

```
Color.成员名
```

或

```
Color.FromArgb([透明度,]红色分量,绿色分量,蓝色分量)
```

例如：

```
Color.Red
```

或

```
Color.FromArgb(255,0,0)
```

9. 线型

线型是 Drawing2D.DashStyle 枚举类型值，可以通过更改画笔的线型属性 DashStyle 来设置。格式：

画笔对象名. DashStyle = Drawing2D.DashStyle.*线型名*

例如：

```
p.DashStyle = Drawing2D.DashStyle.Dot
```

10. Point 和 PointF 类型

Point 或 PointF 是一种结构类型，包括 x，y 两个坐标值，Point 的 x、y 为 Integer 类型，PointF 的 x、y 为 Single 类型。

Point 类型变量的声明和定义方法如下：

```
Dim p As Point              '声明
p=New Point(x, y)           '开辟空间并初始化 x、y
```

也可将它们合二为一，即

```
Dim p As new Point(x,y)
```

例如：

```
Dim p As new Point(10,20)
```

11. Rectangle 和 RectangleF 类型

Rectangle 或 RectangleF 是一种结构类型，包括 x、y、width、height 四个数据，x、y 表示矩形左上角的坐标，width 表示矩形的宽度，height 表示矩形的高度。Rectangle 的四个数据均为 Integer 类型，RectangleF 的四个数据均为 Single 类型。

Rectangle 类型变量的声明和定义方法如下：

```
Dim rect As Rectangle
rect = New Rectangle (x,y,width,height)
```

或

```
Dim rect As Rectangle
rect = New Rectangle (p,s)
```

这里的 p 表示 Point 类型的数据，s 表示 Size 类型的数据。

例如：

```
Dim rect As new Rectangle (0,0,200,100)
```

或

```
Dim rect As new Rectangle (new Point(0,0),New Size(200,100))
```

12. Size 和 SizeF 类型

Size 和 SizeF 都是一种结构类型，它包括两个数据 width 和 height，分别代表一个矩形的宽度和高度。Size 的 width、height 均为 Integer 类型，SizeF 的 width、height 均为 Single类型。

Size 类型变量的声明和定义方法如下：

```
Dim s As Size
s = New Size (width,height)
```

也可将它们合二为一，即

```
Dim s As new Size(width,height)
```

例如：

```
Dim s As new Size(200,100)
```

13. 直线

格式：

绘图对象名. DrawLine(*画笔对象名*,x1,y1,x2,y2)

或

绘图对象名. DrawLine(*画笔对象名*,p1,p2)

其中，(x1,y1)，(x2,y2) 为直线两个端点的坐标，可以为 Integer 类型或 Singe 类型。p1、p2 也是直线两个端点的坐标，可以是 Point 类型或 PointF 类型。

14. 矩形

格式：

绘图对象名. DrawRectangle (*画笔对象名*,x,y,width,height)

或

绘图对象名. DrawRectangle (*画笔对象名*,rect)

其中，(x,y) 为矩形左上角点坐标，width 和 height 表示矩形的宽度和高度，它们均可以为Integer 类型或 Singe 类型。rect 是 Rectangle 类型或 RectangleF 类型的数据。

15. 多边形

格式：

绘图对象名. DrawPolygon(*画笔对象名*,ps)

其中，ps 为 Point 类型或 PointF 类型的一维数组。

16. 圆和椭圆

格式：

绘图对象名.DrawEllipse (*画笔对象名*, x,y,width,height)

或

绘图对象名.DrawEllipse (*画笔对象名*,rect)

其中，x、y、width、height、rect 参见知识点 14。
圆或椭圆是矩形的内切圆或椭圆。

17. 画弧

格式：

绘图对象名.DrawArc (*画笔对象名*, x,y,width,height,startangle,sweepAngle)

或

绘图对象名.DrawArc(*画笔对象名*,rect,startangle,sweepAngle)

其中，x、y、width、height、rect 参见知识点 14。startangle 表示弧的开始角度，sweepAngle
表示弧扫过的角度，均为 Single 类型数据。

18. 饼图

格式：

绘图对象名.DrawPie (*画笔对象名*, x,y,width,height,startangle,sweepAngle)

或

绘图对象名.DrawPie(*画笔对象名*,rect,startangle,sweepAngle)

其中，各种参数参见知识点 17。饼图和弧的区别是弧是圆或椭圆圆周上的一段，而饼图是
将弧的两端和圆或椭圆的圆心相连构成的封闭图形。

19. 非闭合曲线

格式：

绘图对象名.DrawCurve (*画笔对象名*,点数组[,拉紧系数])

或

绘图对象名.DrawCurve (*画笔对象名*,点数组[,偏移,段数,拉紧系数])

其中，点数组为 Point 或 PointF 类型的一维数组；拉紧系数为 Single 类型的值，其值大于

或等于 0，用来指定拉紧程度，值越大拉紧程度越大，值为 0 表示直线；偏移为 Integer 类型的正数，相对于曲线起点的偏移量；段数为 Integer 类型的正数，表示所要画曲线的段数。

20. 闭合曲线

格式：

绘图对象名. `DrawClosedCurve` (*画笔对象名,点数组*[,*拉紧系数,填充方式*])

其中，各种参数参见知识点 19，填充方式为 Drawing2D.FillMode.Alternate 或 Drawing2D.FillMode.Winding。

21. 贝塞尔曲线

格式：

绘图对象名. `DrawBezier`(*画笔对象名,点1,点2,点3,点4*)

或

绘图对象名. `DrawBezier`(*画笔对象名*,x1,y1,x2,y2,x3,y3,x4,y4)

其中，*点1，点2，点3，点4* 四个点为 Point 或 PointF 类型数据，（x1,y1）、（x2,y2）、（x3,y3）、（x4,y4）也是四个点坐标，都可以是 Integer 类型或 Single 类型的数据。

22. 填充图形

填充图形也是用绘图对象所提供的方法来实现的。对于所有封闭图形，都可以绘制填充图形，所用的方法是将前面介绍过的各种绘图方法的方法名中的"Draw"换成"Fill"，将参数中的"画笔对象名"换成已定义好的"刷子对象名"即可。

例如：填充矩形可用下面的方法。

绘图对象名. `FillRectangle` (*刷子对象名*,x,y,width,height)

23. 绘制文本

格式：

绘图对象名. `DrawString` (*字符串,字体对象,刷子,点*[,*格式*])

或

绘图对象名. `DrawString` (*字符串,字体对象,刷子*,x,y[,*格式*])

或

绘图对象名. `DrawString` (*字符串,字体对象,刷子,矩形*[,*格式*])

其中，*字符串*是要输出的文本；*刷子*，绘制文本是使用刷子而不是画笔；*矩形*，文本绘制在此矩形内；x、y 和点是文本输出的左上角的坐标点，x、y 为 Single 类型的数据，点为 Point 类型或 PointF 类型的数据；*字体*是一个 Font 对象，参见知识点 24。

24. 字体

格式：

```
Dim 字体对象名 As New Font(字体名称,大小[,样式[,量度]])
```

其中，*字体名称*可以是各种已有的字体，如宋体；*大小*是 Single 类型的值，表示字体的大小，默认单位为像素点；*样式*表示字体的样式，是 FontStyle 枚举类型的值。

10.2　常见错误和重难点分析

1. 常见错误——逻辑坐标系和物理坐标系没转换

数学中的逻辑坐标系和画布的物理坐标系是不一样的，在作图时可能需要转换，并且还需要改变坐标原点。

2. 常见错误——笔和刷子的不同用途

绘图和填充图形所使用的绘图对象的方法是不一样的，绘图用笔，填充用刷子。

3. 常见错误——绘制文本应使用刷子

绘制文本也是使用刷子而不是笔。

4. 常见错误——使用阴影刷子时忘了引入相应的命名空间

使用阴影刷子必须引入 System.Drawing.Drawing2D 命名空间。

5. 常见错误——绘图前必须将一个绘图对象和某个画布相关联

在 VB.NET 绘图中，可能会经常忘记了将绘图对象和某画布关联，这样有可能画不出图形或是将不同图形画在同一画布上了（有时想在不同画布上分别画不同图形），关联的方法是在设计时设置一个或多个图形控件（画布），在程序中也定义多个绘图对象。

例如：

```
Dim g1 As Graphics
```

然后将此绘图对象和某画布关联。

又如：

```
g1 = 图形控件名.CreateGraphics()
```

这样就可以通过绘图对象 g1 在相应的图形对象（画布）上绘图了。

6. 物理坐标与逻辑坐标

画布对象的物理坐标系和数学中的逻辑坐标系不一致，需要进行坐标变换。另外在绘图时，为了能使图形在画布中大小适合，通常要进行放大处理。

7. 绘图参数的转换

在绘制一些图形（如圆、椭圆、弧等）时，如果完全按绘图对象提供的方法就不太符合人们的数学习惯，这个时候可能需要进行转换。例如，画圆时，绘图对象提供的方法是根据左上角坐标点在某个宽度和高度的矩形内画一个内接圆或椭圆，而人们习惯的是给定圆心和半径来画圆，因此必须进行转换。例如：

```
Dim g As Graphics
Private Sub Form1_Click(sender As Object, e As System.EventArgs) Handles
    Me.Click
    Dim penRed As New Pen(Color.Red)        '定义一支红色笔
    Dim sglX0, sglY0, sglR As Single
    g = Me.CreateGraphics()
    sglX0 = 100
    sglY0 = 100
    sglR = 50
    Call Circle(penRed,sglX0, sglY0, sglR)
End Sub
Private Sub Circle(ByVal p As Pen,ByVal X0 As Single,ByVal Y0 As Single,
    ByVal R As Single)
    Dim top, left, width, height As Single
    top = Y0 - R
    left = X0 - R
    width = 2 * R
    height = width
    g.DrawEllipse(p, top, left, width, height)
End Sub
```

10.3 测 试 题

一、单选题

1. VB.NET 中画布的物理坐标系原点在画布的（   ）。
   A．左上角   B．左下角   C．右上角   D．中心
2. 使用阴影刷子必须引入（   ）命名空间。
   A．System.Drawing   B．System.Drawing.Drawing2D
   C．System.Drawing.Imaging   D．System.Drawing.Text

3．下列（　　）控件可以做画布，可以在上面绘图。

  A．TextBox   B．RadioButton C．PictureBox D．ComboBox

4．颜色 Color.FromArgb(255,255,255)代表（　　）。

  A．红色   B．绿色   C．蓝色   D．白色

5．画圆是用（　　）方法实现的。

  A．DrawCircle B．DrawEllipse C．FillEllipse D．Circle

二、判断题

1．VB.NET 绘图中，画布的每个像素点只能有一种颜色。   （　　）

2．每支画笔只能定义一种颜色，且不能更改。   （　　）

3．VB.NET 绘图中，画圆和画椭圆是用不同方法完成的。   （　　）

4．VB.NET 绘图中，文本的绘制是用画笔画的。   （　　）

5．VB.NET 绘图中，填充图形是用刷子而不是画笔。   （　　）

6．画布的物理坐标系和数学中的逻辑坐标系是一样的。   （　　）

7．在一个画布中只能绘制一种字体的文本。   （　　）

8．清除画布中的图形需要用一种颜色作背景。   （　　）

11 文 件

【知识点搜索树】

章节号　知识点（教材页码：P；知识点号：#）

11.1　　　文件概述（P319）
- └── 文件的概念（#1）
- 11.1.1　└── 文件类型（P319，#2）
  - └── 文本文件
  - └── 二进制文件
  - └── 顺序文件
  - └── 随机文件
  - └── 流式文件
  - └── 记录式文件
- 11.1.2　└── 文件处理方法（P320，#3）
  - └── VB.Net 的 Runtime 库
  - └── System.IO 模型
  - └── VB.Net 的 FileIO 模型
- 11.1.3 └── 文本文件的结构

11.2　　VB.NET Runtime 库（P322）
- └── 文件读写的一般步骤（#4）
- └── FileOpen（#5）
- └── Write 和 WriteLine（#6）
- └── Print 和 PrintLine（#7）
- └── EOF（#8）
- └── Input（#9）
- └── InputString（#10）
- └── LineInput（#11）
- └── FileClose（#12）

11.3　　VB.NET FileIO 模型（P？）
- └── FileIO 模型概述（#13）
- └── FileType 枚举（#14）
- 11.3.1　└── FileSystem 对象简介（P327）
  - └── FileSystem.Current Directory 属性（#15）
  - └── FileSystem 对象的常用方法
    - └── CombinePath 方法（#16）
    - └── DeleteFile 方法（#17）
    - └── FileExists 方法（#18）

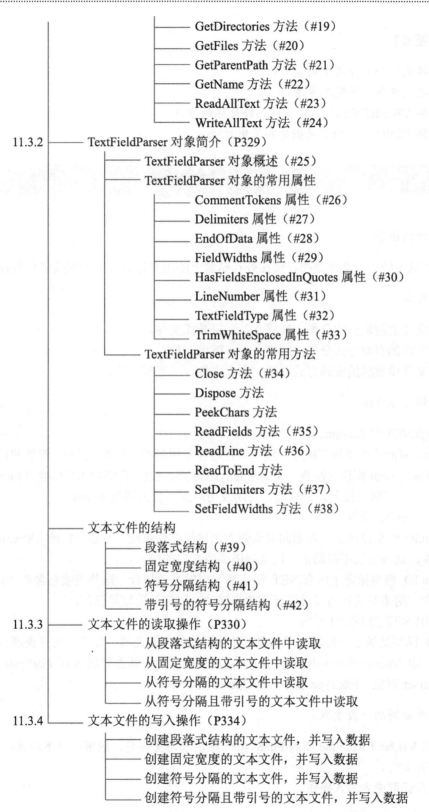

【学习要求】

1. 掌握文件和文件类型的基本概念。
2. 掌握文件的几种处理方法。
3. 了解 VB.NET Runtime 库支持文件处理的方法。
4. 掌握 FileIO 模型的有关概念和使用方法。

11.1   知 识 要 点

1. 文件的概念

在计算机系统中，文件是指存储在外存储器上的用文件名标志的相关信息集合。

2. 文件类型

1）按文件的逻辑结构分类：流式文件、记录式文件。
2）按文件的存取方式分类：顺序文件、随机文件。
3）按文件中数据的编码方式分类：文本文件、二进制文件。

3. 文件处理方法

（1）VB.NET 的 Runtime 库

Runtime 库的成员支撑 VB 应用程序运行时经常用到的一些类、模块、常数和枚举等成员，其中 FileSystem 模块（注意：不是 FileSystem 类）提供了 VB.NET 标准的 Sub 过程和 Function 函数，可以直接创建、读写、关闭及访问文件有关属性等操作。

（2）System.IO 模型

System.IO 模型提供了一种面向对象的方法访问文件系统，特别是以流（Stream）的方式处理文件，这种方法不但简便，而且保证编码接口的统一。

System.IO 模型指定了所有.NET 语言都可用的类的集合。这些类被包含在 System.IO 命名空间中，用来对文件与目录进行创建、移动、删除及读写等操作。

（3）VB.NET 的 FileIO 模型

FileIO 模型提供了一种极易理解和方便使用的处理驱动器、文件和文件夹或目录的属性和方法。由 Microsoft.visualBasic.FileIO 命名空间实现，其主要成员有 FileSyste 对象、TextFieldParser 对象、FileType 枚举、UIOption 枚举等。

4. 文件读写的一般步骤

在使用 VB.NET Runtime 库的 FileSystem 模块读写文件时，应遵循以下步骤：
1）打开文件。
2）进行读取或者写入操作。

3）关闭文件。

当文件读写完毕，一定要关闭文件，否则会丢失数据。

5. FileOpen

FileOpen 属于 File System 模块。

语法：

```
Public Shared Sub FileOpen(
    FileNumber As Integer,
    FileName As String,
    Mode As OpenMode,
)
```

功能：以指定模式 *Mode* 打开文件 *FileName*，并获得一个文件句柄 *FileNumber*，以进行输入或输出。

OpenMode 是一个枚举，指明文件打开的目的，其值有 Input、Output、Random、Append、Binary，分别表示输入、输出、随机、追加、二进制等打开模式。其中，Input、Output、Append 用于顺序文件，Random 用于随机文件，Binary 用于二进制文件。

注意：文件打开后，后续的读写操作必须通过句柄 *FileNumber* 进行。

例如，下列语句的作用是以输入方式打开 C:\test0.txt 文件，并关联到文件号 1，后续的文件操作就以文件号 1 作为 C:\test0.txt 文件的代表。

```
FileOpen(1, "C:\test0.txt", OpenMode.Input)
```

6. Write 和 WriteLine

Write 和 WriteLine 属于 FileSystem 模块。

语法：

```
Public Shared Sub Write | WriteLine (
    FileNumber As Integer,
    ParamArray Output As Object()
)
```

功能：将参数列表 *Output*（以逗号分割的表达式）中的每个参数值写入顺序文件（以 *FileNumber* 作为代表）中，WriteLine 在最后写入回车符。

注意：

1）写入的数据之间自动插入逗号，字符串数据带引号。

2）用 Write 写入的数据，通常用 Input 读入。

例如：下列语句将李东东同学的英语的补考成绩写入了 1 号文件中。

```
FileOpen(1, "C:\test0.txt", OpenMode.Output)
Write(1, "U18573", "李东东", "English", 78, True)
FileClose(1)
```

上述 Write 语句写入的数据，在 1 号文件（与文件 C:\test0.txt 关联的文件号是 1，可简称 1 号文件）中的式样如下。

```
"U18573","李东东","English",78,#TRUE#,
```

7. Print 和 PrintLine

Print 和 PrintLine 属于 FileSystem 模块。
语法：

```
Public Shared Sub Print | PrintLine (
    FileNumber As Integer,
    ParamArray Output As Object()
)
```

功能：将参数列表 Output（以逗号分割的表达式）中的每个参数值格式化后写入顺序文件（以 *FileNumber* 作为代表）中，PrintLine 在最后写入回车符。

注意：
1）写入的数据之间自动插入制表符，字符串数据不带引号。
2）用 Print 写入的数据通常用 InputString 读入字符串数据，用 Input 读入其他类型的数据。

例如：下列语句将李东东同学的英语的补考成绩写入了 2 号文件中。

```
FileOpen(2, "C:\test00.txt", OpenMode.Output)
Print(2, "U18573", "李东东", "English", 78, True)
FileClose(2)
```

上述 Print 语句写入的数据，在 2 号文件中式样如下。

U18573   李东东   English   78   True
每个数据的宽度为 14，最后一个数据例外，是实际宽度。

8. EOF

EOF 属于 FileSystem 模块。
语法：

```
Public Shared Function EOF(FileNumber As Integer) As Boolean
```

功能：当读到文件（以 *FileNumber* 作为代表）尾时，返回 True，否则其值一律为 False。

注意：用在循环中，当读到文件尾时，停止循环。

9. Input

Input 属于 FileSystem 模块。
语法：

```
Public Shared Sub Input(
    FileNumber As Integer,
    ByRef Value As T
)
```

功能：从打开的顺序文件（以 **FileNumber** 作为代表）中读取指定类型的数据，并赋给变量 **Value**。

注意：

1）通常用 Input 读入非字符数据或者读入带引号的字符数据。

2）每次只能读一个数据。

例如：下列语句将读入 1 号文件中数据（文件 test00.txt 的结构参见知识点 7）。

```
Dim a, b, c As String, d As Integer, f As Boolean
FileOpen(1, "C:\test00.txt", OpenMode.Input)
Input(1, a)            '读入学号
Input(1, b)            '读入姓名
Input(1, c)            '读入课程名
Input(1, d)            '读入成绩
Input(1, f)            '读入成绩类别（逻辑值，为 True 表示补考成绩）
FileClose(1)
```

10. InputString

InputString 属于 FileSystem 模块。
语法：

```
Public Shared Function InputString(
    FileNumber As Integer,
    CharCount As Integer
) As String
```

功能：从打开的顺序文件（以 **FileNumber** 作为代表）中读取由 **CharCount** 指定长度的字符序列，并作为字符串返回。

注意：通常用 InputString 读入 Print 写入的字符串数据。

例如：下列语句将读入 2 号文件中数据（文件 test00.txt 的结构参见知识点 7）。

```
Dim a, b, c As String, d As Integer, f As Boolean
FileOpen(2, "C:\test00.txt", OpenMode.Input)
```

```
a = InputString(2, 14)              '读入学号
b = InputString(2, 14)              '读入姓名
c = InputString(2, 14)              '读入课程名
Input(2, d)                         '读入成绩
Input(2, f)                         '读入成绩类别（逻辑值，为 True 表示补考成绩）
FileClose(2)
```

11. LineInput

LineInput 属于 FileSystem 模块。

语法：

```
Public Shared Function InputLine(FileNumber As Integer) As String
```

功能：从打开的顺序文件（以 *FileNumber* 作为代表）中读取一行文本，作为字符串返回。

注意：可读取由 Wite、WriteLine、Print、PrintLine 写入的数据（以回车符或者回车换行符作为数据行的结束标志）。

例如：下列语句将读入 2 号文件中的数据，每次读一行，直到读完为止。

```
Dim a As String
FileOpen(2, "C:\test00.txt", OpenMode.Input)
Do Until EOF(1)
    a = LineInput(2)
Loop
FileClose(2)
```

12. FileClose

FileClose 属于 FileSystem 模块。

语法：

```
Public Shared Sub FileClose(ParamArray FileNUmbers As Object())
```

功能：关闭由 *FileNumbers*（文件号之间以逗号隔开）指定的诸多文件。

注意：当文件操作完毕，尤其是往文件写入数据后，一定要关闭文件，否则，可能会丢失数据。

例如：下列语句将关闭 1、2 号文件。

```
FileClose(1, 2)
```

13. FileIO 模型概述

与 System.IO 模型相比，FileIO 模型的优势是加强了对文本文件的支持，能够以非常方便、更容易理解的方式处理各种结构的文本文件。

在 Microsoft.VisualBasic.FileIO 命名空间中，包含了支持 FileIO 模型的三个主要成员 FileSystem 对象、TextFieldParser 对象和 FileType 枚举。

14. FileType 枚举

FileType 枚举的意义是指定文本文件的结构，其值：

1）FileIO.FileType.Delimited：指定文本的结构是符号分隔的。

2）FileIO.FileType.FixedWidth：指定文本的结构是固定宽度的。

15. FileSystem.CurrentDirectory 属性

Windows 应用程序运行后，当前目录的初始值为应用程序所在目录。在 VB.NET 中，可通过 FileSystem 对象的 CurrentDirector 属性获取或设置。

下列语句将当前目录显示在消息框中。

```
MsgBox(FileIO.FileSystem.CurrentDirectory)
```

下列语句设置当前目录为：C:\U201317854。

```
FileIO.FileSystem.CurrentDirectory = "C:\U201317854"
```

16. CombinePath 方法

语法：

```
Public Shared Function CombinePath(
    baseDirectory As String,
    relativePath As String
) As String
```

功能：将合法路径 *baseDirectory* 与合法路径 *relativePath* 组合成一个合法路径。

例如：将"E:\U201317854"与"text.txt"组合成文件的全路径"E:\U201317854\text.txt"。下列语句将当前目录与"test.txt"组合得到全路径。

```
FileIO.FileSystem.CombinePath(FileIO.FileSystem.CurrentDirectory,
    "test.txt")
```

17. DeleteFile 方法

语法：

```
Public Shared Sub DeleteFile(File As String)
```

功能：将 *File*（*File* 要包含文件的全路径及文件名）指定的文件永久删除（不送到回收站）。

例如：下列语句删除目录 C:\hust 下的 test.txt 文件。

```
FileIO.FileSystem.DeleteFile("C:\hust\test.txt")
```

18. FileExists 方法

语法：

```
Public Shared Function FileExists(File As String) As Boolean
```

功能：测试 *File*（*File* 要包含文件的全路径及文件名）指定的文件是否存在。

例如：下列语句的功能是如果 C:\hust\test.txt 文件存在，则删除。

```
Dim strFile As String = "C:\hust\test.txt"
If FileIO.FileSystem.FileExists(strFile) Then
    FileIO.FileSystem.DeleteFile(strFile)
End If
```

19. GetDirectories 方法

语法：

```
Public Shared Function GetDirectories(
    directory As String
  ) As ReadOnlyCollection(Of String)
```

功能：获取由 *directory* 指定目录下的所有一级子目录（全路径形式），以只读字符串集合形式返回。

例如：下列代码的功能是获取当前用户的"我的文档"下的一级子目录的全路径名，并送到集合 cltFullPath 中，然后在消息框中显示这些子目录的全路径名。

```
Dim strText As String
Dim cltFullPath As System.Collections.ObjectModel.ReadOnlyCollection(Of
    String)
cltFullPath = FileIO.FileSystem.GetDirectories(
            FileIO.SpecialDirectories.MyDocuments
          )
For Each foundDirectory As String In cltFullPath
    strText &= foundDirectory & vbCrLf
Next
MsgBox(strText)
```

在上述代码中：

1）cltFullPath 被声明为字符串型只读集合。

2）FileIO.SpecialDirectories.MyDocuments 为当前用户的"我的文档"目录。

3）FileIO.SearchOption.SearchTopLevelOnly 的意义是只搜索指定目录下的一级子目录名。

4）变量 cltFullPath 也可声明为 Object。

20. GetFiles 方法

语法：

```
Public Shared Function GetFiles(
    directory As String
    ) As ReadOnlyCollection(Of String)
```

功能：搜索由 *directory* 指定目录（不搜索子目录下的文件）下的所有文件（全路径形式），以只读字符串集合形式返回。

例如：下列代码的功能是获取当前用户的"我的文档"下的文件的全路径名，并送到集合 cltFullPath 中，然后在消息框中显示这些文件的全路径名。

```
Dim strText As String
Dim cltFullPath As System.Collections.ObjectModel.ReadOnlyCollection(Of
    String)
cltFullPath = FileIO.FileSystem.GetFiles(
            FileIO.SpecialDirectories.MyDocuments
            )
For Each strFoundFile As String In cltFullPath
    strText &= strFoundFile & vbCrLf
Next
MsgBox(strText)
```

21. GetParentPath 方法

语法：

```
Public Shared Function GetParentPath(Path As String) As String
```

功能：获取 *Path* 的父路径。

例如：路径"C:\user\hust"的父路径是"C:\user"，路径"C:\user\hust\test.txt"的父路径是"C:\user\hust"。

22. GetName 方法

语法：

```
Public Shared Function GetName(Path As String) As String
```

功能：获取 *Path* 路径中的宿主名。

例如：路径"C:\user\hust"的宿主名是"hust"，路径"C:\user\hust\test.txt"的宿主名是"test.txt"。

23. ReadAllText 方法

语法：

```
Public Shared Function ReadAllText(File As String) As String
```

185

功能：获取 *File*（必须是文件的全路径名）文本文件中的所有字符。

FileIO.FileSystem.ReadAllText 方法将自动打开文件，在读取文件内容后，又自动关闭文件。

例如：语句 MsgBox(FileIO.FileSystem.ReadAllText("D:\test.txt")的作用是读取 D:\test.txt 文件中的所有内容，并显示在消息框中。如果文件中有汉字，且显示乱码，则尝试下列语句：

```
MsgBox(FileIO.FileSystem.ReadAllText(
       "D:\test.txt",
       System.Text.Encoding.Default)
)
```

上述语句中的 System.Text.Encoding.Default 表示使用本机所用的字符编码读取文件中的字符。类似的字符编码如下：

1）System.Text.Encoding.Default。

2）System.Text.Encoding.ASCII。

3）System.Text.Encoding.BigEndianUnicode。

4）System.Text.Encoding.Unicode。

5）System.Text.Encoding.UTF32。

6）System.Text.Encoding.UTF7。

7）System.Text.Encoding.UTF8。

24. WriteAllText 方法

语法：

```
Public Shared Sub WriteAllText(
     File As String,
     Text As String,
     Append As Boolean,
     Enccoding As System.Text.Encoding
)
```

功能：根据 *Append* 指定的字符写入方式（True 为字符追加方式，False 为字符覆盖方式）和 *Enccoding* 指定的字符编码方案（默认 System.Text.Encoding.Default），将 *Text* 中的所有字符数据写入到 *File*（必须是文件的全路径名）文本文件中。

WriteAllText 方法将自动打开文件，在写入文件内容后，又自动关闭文件。

例如：下列语句将 strTexts 中的所有字符，按照本机默认字符编码方案，覆盖文件"C:\test.txt"中的所有文本。

```
FileIO.FileSystem.WriteAllText("C:\test.txt", strTexts, False)
```

下列语句则是将 strTexts 中的所有字符，按照本机默认字符编码方案，追加到文件"C:\test.txt"的末尾。

```
FileIO.FileSystem.WriteAllText("C:\test.txt", strTexts, True)
```

25. FileIO.TextFieldParser 对象概述

TextFieldParser 对象位于 Microsoft.VisualBasic.FileIO 命名空间中，是一个分析文本行结构的分析器。能分析文本文件中的一行由哪些字段组成，并以正确的方式读取该行的各个字段。例如，下列的文本行均由 5 个字段组成。

文本 1：U19783，李祈东，男，45，浙江

文本 2：U19783　　　李祈东　　　男　　　45　　　浙江

TextFieldParser 对象能够分析两类文本结构。

1）符号分隔的文本：如上述文本 1，以逗号分隔各字段。

2）固定宽度的文本：如上述文本 2，每个字段的宽度是固定的。

在使用时，应通过 FileIO.TextFieldParser 类实例化，创建一个用于分析文本结构的分析器（TextFieldParser 对象）。例如，下列语句定义了一个对文本文件 D:\test.txt 中的文本行做结构分析的结构分析器 MyReader，在读取文本行的各字段时，采用本机默认的字符编码。

```
Dim MyReader As New FileIO.TextFieldParser(
    "D:\test.txt",
    System.Text.Encoding.Default
)
```

注意：当文本分析器使用完毕，要用分析器的 Close 方法关闭它。

26. CommentTokens 属性

CommentTokens 属性的类型为 String()，定义文本文件中所有的注释标记（注释标记应该位于行首），指示 TextFieldParser 对象分析文本行时忽略该行，例如：

```
MyReader.CommentTokens = New String() {"'", "/"}
```

注释标记定义后，那么文本分析器会忽略文本文件中以"'"或"/"开头的文本行。

27. Delimiters 属性

Delimiters 属性的类型是 String( )，定义文本行各字段之间的分隔符，分析器便可正确读取文本行中各个字段值。例如：

```
MyReader.Delimiters = New String() {","}
```

也可使用文本分析器的 SetDelimiters 方法设置。

注意：本属性必须与 TextFieldType 属性（参见知识点 32）一起使用。

28. EndOfData 属性

EndOfData 属性是一个只读属性，类型为 Boolean，文件在读写时有一个指示读写位置

的光标指示器，在读取数据时，如果当前光标位置到文件尾之间没有非空、非注释行，则返回 True。

当打开文件时，光标位于文件头，然后逐字段或逐行读取文本，一旦检测 EndOfData 属性为 True，则应停止读取。

29. FieldWidths 属性

FieldWidths 属性的类型为 Integer( )，其作用是定义文本行中各字段的宽度，例如：

```
MyReader.FieldWidths = {8, 8, 5, 4, 9}
```

上述语句定义文本行有 5 个字段，其中 8、8、5、4、9 分别指明每个字段的宽度。也可使用-1 表示最后一个字段的宽度可以任意（但是，其他字段的宽度不能任意），例如：

```
MyReader.FieldWidths = {8, 8, 5, 4, -1}
```

在读取文本文件时，文本分析器会按照上述设置读取文本行的各个字段值。本属性值的设置也可通过 SetFieldWidth 方法进行。

注意：本属性必须与 TextFieldType 属性（参见知识点 32）一起使用。

30. HasFieldsEnclosedInQuotes 属性

HasFieldsEnclosedInQuotes 属性的类型为 Boolean，其意义是文本行中的字符串型字段是否加双引号，指示文本分析器对该字段按正规字符串的形式读取（双引号为字符串的定界符，不是字符串的一部分）。

例如：文本行的样式如下。

"U19783", "李祁东", "男", 45

则文本分析器可以对前 3 个字段按正规字符串形式读取，第 4 个字段也按字符串形式读取，最后得到一个字符串数组{"U19783", "李祁东", "男", "45"}。

31. LineNumber 属性

LineNumber 属性的类型为 Long，其意义是返回光标位置（所谓光标就是一个指示文件读写位置的指示器）所在行的行号。

当光标位置与文件尾之间没有非注释行，则返回-1。此特性使得该属性也可用作数据读取完毕的判断依据。

32. TextFieldType 属性

TextFieldType 属性的类型为 FieldType（参考知识点 14），指示文本文件中行的结构。例如，下列第 1 条语句设置文本行是符号分隔结构，第 2 条语句设置文本行是固定等宽结构。

```
MyReader.TextFieldType = FileIO.FieldType.Delimited
MyReader.TextFieldType = FileIO.FieldType.FixedWidth
```

注意：

1）当对文本行按符号分隔结构分析时，TextFieldType 属性必须与 Delimiters 属性（参见知识点 27）联合使用。

2）当对文本行按固定等宽结构分析时，TextFieldType 属性必须与 FieldWidths 属性（参见知识点 29）联合使用。

33. TrimWhiteSpace 属性

TrimWhiteSpace 属性的类型为 Boolean（默认值为 True），其意义是是否移除字段值中的前导或尾随空白字符。

34. Close 方法

语法：

```
Public Shared Sub Close()
```

功能： 关闭当前 TextFieldParser 对象。

例如： MyReader.Close( )关闭 MyReader 文本分析器。

注意： 关闭当前对象后，该对象所占系统资源也被释放。

35. ReadFields 方法

语法：

```
Public Shared Function ReadFields() As String()
```

功能： 按照预定结构分析文本文件的当前行，并读取该行的所有字段，以字符串型数组返回这些字段值。

所谓预定结构由 TextFieldType 属性决定。

1）当文本分析器的 TextFieldType 属性值为 FileIO.FieldType.Delimited 时，按照符号分隔结构分析文本，分隔符由 Delimiters 属性指定，字符串是否带双引号由 HasField-EnclosdInQuotes 属性指定。

2）当文本分析器的 TextFieldType 属性值为 FileIO.FieldType.FixedWidth 时，按照固定宽度结构分析文本，字段宽度由 FieldWidths 属性指定。

例如： 下列代码中，文本分析器按照符号分隔结构分析文本，并读取当前行的所有字段送到数组 currentRow 中。

```
Dim MyReader As New FileIO.TextFieldParser("C:\Test.txt")
MyReader.TextFieldType = FileIO.FieldType.Delimited
MyReader.Delimiters = New String() {","}
Dim currentRow As String() = MyReader.ReadFields()
```

又如： 下列代码使得文本分析器按照固定宽度分析当前文本行，并读取各个字段。

```
Dim MyReader As New FileIO.TextFieldParser("C:\Test.txt")
MyReader.TextFieldType = FileIO.FieldType.FixedWidth
MyReader.FieldWidths = New Integer() {8, 8, 5, 4, -1}
Dim currentRow As String() = MyReader.ReadFields()
```

当读取当前文本行后，当前光标的位置自动移到下一行的开始处（该行立刻成为当前文本行），LineNumber 属性值自动加 1。

36. ReadLine 方法

语法：

```
Public Shared Function ReadLine() As String
```

功能：不分析文本行的结构，读取当前文本行（以回车换行符作为行的结束符）。

```
Dim MyReader As New FileIO.TextFieldParser("C:\Test.txt")
MyReader.HasFieldsEnclosedInQuotes = False
MyReader.CommentTokens = New String() {"'"}
Dim CurrentRow As String = MyReader.ReadLine()
```

上述代码将忽略注释行，从文本文件中读取当前行（字符串不带双引号）。

37. SetDelimiters 方法

语法：

```
Public Shared Sub SetDelimiters(ParamArray delimiters As String())
```

功能：设置分隔符。

例如：语句 MyReader.SetDelimiters({","})，等价语句为 MyReader.Delimiters = New String() {","}。

38. SetFieldWidths 方法

语法：

```
Public Shared Sub SetFieldWidths(ParamArray fieldWidths As Integer())
```

功能：设置字段宽度。

例如：语句 MyReader.SetFieldWidths({8, 8, 5, 4, -1})，等价语句为 MyReader.FieldWidths = New Integer() {8, 8, 5, 4, -1}。

39. 段落式结构

文本的段落式结构指在文本文件中，以回车换行符作为一个自然段的结束符。例如，记事本中的内容就是这种结构最典型的代表。

40. 固定宽度结构

这种结构的一般特征就是所有的字段按照行列方式排列，要求每行的列数一致（这是数据要求，不是语法要求），每列的宽度相同。

注意： 当文本中含有汉字时，一个汉字和一个英文字符在内存中所占空间是一样的（在 VB.NET 采用 Unicode 编码），但汉字和英文字符的显示宽度不一致，一个汉字占两个英文字符的位置。

41. 符号分隔结构

这种结构的特征是所有的字段也按照行列方式排列，要求每行的列数一致（这是数据要求，不是语法要求），每行的列与列之间用分隔符隔开，不要求每列的宽度相同。

42. 带引号的符号分隔结构

这种结构与知识点 41 所述的结构基本相同，它们的区别在于字符串是否带上双引号。

11.2　常见错误和重难点分析

1. FileIO 模型中各类成员的隶属关系

FileIO 模型中各类成员的隶属关系如下。

```
FileIO 命名空间
    ├──── FieldType 枚举
    │        ├──── Delimited 成员
    │        └──── FixedWidth 成员
    ├──── FileSystem 类
    │        ├──── CurrentDirector 属性
    │        └──── 各种方法
    ├──── SearchOption 枚举
    │        ├──── SearchTopLevelOnly
    │        └──── SearchAllSubDirectory
    ├──── SpecialDirectories 类
    │        └──── 各种属性
    └──── TextFieldParse 类
             ├──── 各种属性
             └──── 各种方法
```

2. FileIO 模型中各类成员的引用方法

在 FileIO 模型中，除 TextFieldParser 成员以外的其余成员，均可以如下形式书写：

```
FileIO.FileSystem.成员名
```

以 CurrentDirector 为例：

```
FileIO.FileSystem.CurrentDirector
```

对于 TextFieldParser 成员，必须通过对 TextFieldParser 类实例化得到一个对象，再通过该对象名引用该对象的各种书和方法，例如：

```
Dim MyReader As New FileIO.TextFieldParser("C:\test.txt")
```

上述语句执行后，就得到了一个 TextFieldParser 类的对象 MyReader，再通过 MyReader 这个名称就可引用 MyReader 对象的各种属性和方法，例如：

```
MyReader.SetDelimiters(",")
```

3. 文件读写时，光标的概念

在 VB.NET 中，不管使用什么方法对文件进行读写访问，均要清楚一个问题，那就是从文件的什么位置开始读写，这个读写位置就是光标所在位置。

对于顺序文件来说，当以读取为目的而打开文件，则光标的初始位置是文件头，一旦读取一个数据后，光标位置自动移到下一个数据的开始处。当以追加方式打开文件，则光标的初始位置为文件尾，一旦写入一个数据后，光标的位置仍然指向文件尾。

4. 常见错误——未能找到文件

在打开或创建文件时，经常出现这个错误，原因如下：

1）文件名拼写错误。

2）文件路径无效。

3）文件在指定的目录中不存在。

文件路径无效的含义是在路径中的某个名称所代表的目录或文件不存在。

5. 常见错误——文件正由另一个进程使用

错误原因：有多个用户正在使用同一个文件。

有可能同时运行了多个 VB 项目，应把其余的 VB 项目关闭。或者是其他 Windows 任务正在使用该文件。

6. 常见错误——文件操作时权限不够

错误原因：

1）对只读文件进行写入操作。

2）把文件创建在系统目录，而自己不是系统用户，不具有写权限。

7. 常见错误——不能使用指定格式分析字段

该错误发生在 FileIO.TextFieldParse.ReadFields 方法的使用上，解决办法：

1）检查文本分析器的有关属性 FieldType、Delimiters、FieldWidths，它们的值是否代表正确的文本格式。

2）检查文件中的内容是否符合格式设置要求。

8. 常见错误——错误的文件模式

如果使用 VB.NET Runtime 库或者 System.IO 模型操作文件，可能出现这种错误，原因：

1）以输入模式打开文件，却向文件中写入数据。

2）以输出模式打开文件，却从文件中读取数据。

解决办法：检查 FileOpen 过程的 OpenMode 设置是否与代码中的读写操作一致。

9. 常见错误——读取的文本是乱码

如果使用 System.IO 模型或者 FileIO 模型读取文本数据时，可能会出现这种错误。原因是没有选择正确的文件编码。

文件编码也称字符编码，用于指定在处理文本时如何表示字符。在读取文件时，如未能正确匹配文件编码，则可能会导致发生异常或产生不正确的结果。

文件编码：

1）System.Text.Encoding.Default（常用，代表本机所使用的字符编码格式，一般来说是双字节字符编码集，简称 DBCS）。

2）System.Text.Encoding.ASCII。

3）System.Text.Encoding.BigEndianUnicode。

4）System.Text.Encoding.Unicode（常用）。

5）System.Text.Encoding.UTF32。

6）System.Text.Encoding.UTF7。

7）System.Text.Encoding.UTF8（常用，FileIO 模型默认的字符编码格式）。

10. 段落式结构的文本文件的读取

方法 1：使用 FileSystem 对象的 ReadAllText 方法，一次性地读取文本文件中的所有字符。还可以用 Split 函数以回车换行符作为分隔符分离各个文本行。

方法 2：使用 TextFieldParser 文本分析器的 ReadLine 方法逐行读取文本文件中内容。

11. 固定宽度结构的文本文件的读取

步骤 1：定义一个文本分析器 MyReader。

步骤 2：设置文本行的固定宽度结构。

```
MyReader.TextFieldType = FileIO.FieldType.FixedWidth
MyReader.SetFieldWidths(6, 5, 5, 5, -1)        '设置每行中各字段的宽度。最后一列
                                               '一般为-1
```

步骤3：读取当前文本行中各个字段。

使用文本分析器的 ReadFields 方法，按照指定结构分析当前文本行，再读取当前行的所有字段，并以字符串型数组形式返回。

```
strFields = MyReader.ReadFields()         'strFields 的类型为 String()
```

注意：如果要逐行读取其他行，请用循环。

步骤4：关闭文本分析器。

```
MyReader.Close()
```

12. 符号分隔结构的文本文件的读取

步骤1：定义一个文本分析器 MyReader。
步骤2：设置文本行的符号分隔结构。

```
MyReader.TextFieldType = FileIO.FieldType.Delimited
MyReader.SetDelimiters(",")                '设置字段分隔符:逗号
```

步骤3：读取当前文本行中各个字段。

使用文本分析器的 ReadFields 方法，按照指定结构分析当前文本行，再读取当前行的所有字段，并以字符串型数组形式返回。

```
strFields = MyReader.ReadFields()          'strFields 的类型为 String()
```

注意：如果要逐行读取其他行，请用循环。

步骤4：关闭文本分析器。

```
MyReader.Close()
```

13. 符号分隔结构且带引号的文本文件的读取

步骤1：定义一个文本分析器 MyReader。
步骤2：设置文本行的符号分隔结构。

```
MyReader.TextFieldType = FileIO.FieldType.Delimited
MyReader.SetDelimiters(",")                      '设置字段分隔符:逗号
MyReader.HasFieldsEnclosedInQuotes = True   '允许文本文件中的字段值带双引号
```

步骤3：读取文本行中各个字段。

使用文本分析器的 ReadFields 方法，按照指定结构分析当前文本行，再读取当前行的所有字段，并以字符串型数组形式返回。

```
strFields = MyReader.ReadFields()           'strFields 的类型为 String()
```

步骤 4：关闭文本分析器。

```
MyReader.Close()
```

14. 文本文件中的注释行

在所有的文本文件中，都允许注释行的存在，其特点：

1）注释行一定是单独的一行，不能把注释放在数据的右边。

2）每个注释行以沰释标记开始。

注释标记既可以是 1 个字符，也可以是 1 个单词（区分大小写），注释标记的数量也可以有多个。

例如：

```
MyReader.CommentTokens = {"'"}              '设置注释行的注释标记(单引号)
MyReader.CommentTokens = {"Rem"}            '设置注释行的注释标记(单词 Rem)
MyReader.CommentTokens = {"'", "\\"}        '设置注释行的注释标记 2 个
MyReader.CommentTokens = {"Rem", "'", "\\"} '设置注释行的注释标记 3 个
```

11.3　测　试　题

一、单选题

1. 根据文件中数据的编码方式可以将文件分为（　　）两种类型。

    A．顺序文件、随机文件　　　　　　　　B．文本文件、数据文件

    C．文本文件、二进制文件　　　　　　　D．顺序文件、二进制文件

2. 在 VB.NET 中，有（　　）种对文件的访问方式。

    A．1　　　　　　　B．2　　　　　　　C．3　　　　　　　D．4

3. 下列关于顺序文件的描述中，正确的是（　　）。

    A．每条记录的长度必须相同

    B．可随机地修改文件中的某条记录

    C．文件的组织结构复杂

    D．数据是按照数据的宽度依次存放在文件中

4. 按照"流"的观点，文件可分为（　　）。

    A．文本文件和二进制文件　　　　　　　B．流式文件和记录式文件

    C．顺序文件和随机文件　　　　　　　　D．系统文件和用户文件

5. 文本文件的结构有（　　）种。

    A．1　　　　　　　B．2　　　　　　　C．3　　　　　　　D．4

6. 下列关于随机文件的描述中，不正确的是（　　）。

    A．每条记录的长度必须相同

    B．可通过编程对文件中的某条记录方便地修改

C．一个文件中记录号不必唯一

D．文件的组织结构比顺序文件复杂

7．若要从磁盘上读一个文件名为"C:\T1.txt"的顺序文件，则应使用下列语句（　　　）打开文件。

A．`FileOpen(1, "C:\T1.txt", OpenMode.Append)`

B．`FileOpen(1, "C:\T1.txt", OpenMode.Input)`

C．`FileOpen(1, "C:\T1.txt", OpenMode.Binary)`

D．`FileOpen(1, "C:\T1.txt", OpenMode.Random)`

二、填空题

1．在 FileIO 模型中，通过_____可获取应用程序运行后的当前目录。

2．MyReader 是一个文本结构分析器，通过_____可判断文本已处理完毕。

3．在 FileIO 模型中，使用_____，用于获取 C:\下的所有一级子目录名。

4．在 FileIO 模型中，使用_____，用于获取当前目录下的所有文本文件名（不搜索一级子目录下的文件）。

5．若要创建一个文本结构分析器 MyReader，选择本机系统所用的字符编码格式，用于分析"C:\T1.txt"文件的结构和读取文本，应使用：

```
Dim MyReader As New FileIO.TextFieldParser(___【1】___, ___【2】___)
```

6．若要选择字符编码格式，一次性从文本文件"C:\T1.txt"中读取所有字符送到变量 strText 中，应使用语句：

```
strText = FileIO.FileSystem.ReadAllText(___【1】___, ___【2】___)
```

7．假设文本文件的结构是固定宽度，每行有 4 个字段，宽度分别为 13、8、4、10，则对文本分析器 MyReader 作如下设置：

```
MyReader.TextFieldType = ___【1】___
MyReader.FieldWidths = ___【2】___
```

8．假设文本文件的结构是符号分隔结构，分隔符为"，"，则对文本分析器 MyReader 作如下设置：

```
MyReader.TextFieldType = ___【1】___
MyReader.Delimiters = ___【2】___
```

9．若文本文件中的字符串数据包含双引号，则应对文本分析器 MyReader 作如下设置：

```
MyReader.HasFieldsEncloseInQuotes = _____
```

10．若文本文件中包含注释行，注释标记为"'"和"\\"，则应对文本分析器 MyReader 作如下设置：

```
MyReader.CommentTokens = _____
```

第 2 部分

实　　验

1 Office 实验

【实验目的】

1）掌握 Word 的基本排版步骤和方法。

2）掌握 Word 的图文混排方法。

3）掌握 Word 的文本框、艺术字和公式的排版方法。

4）掌握 Word 中表格的排版和计算公式的使用。

5）了解 Excel 的基本概念。

6）掌握 Excel 的数据录入方法。

7）掌握 Excel 的基本排版方法。

8）掌握 Excel 的常用的数据处理方法。

【实验内容】

1. Word 实验

（1）认识 Word 2010

Word 2010 由许多选项卡组成，每个选项卡包括许多功能区（组），在有些功能区的右下角有对话框启动器 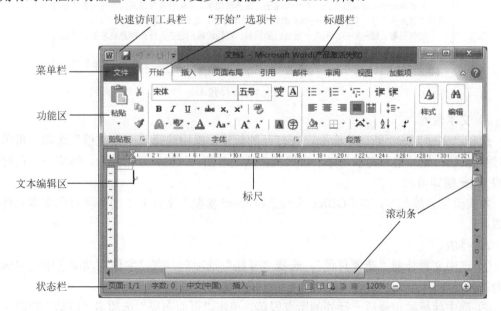，可以展开更多的功能，如图 2.1.1 所示。

图 2.1.1　Word 界面

这些选项卡介绍如下。

“文件”选项卡：用于新建、保存 Word 文档。

“开始”选项卡：用于一些基本操作。

“插入”选项卡：用于各种对象的插入。

“页面布局”选项卡：用于对整个界面的操作和设置。

“引用”选项卡：用于创建目录、索引等。

“邮件”选项卡：用于创建邮件和邮件合并等操作。

“审阅”选项卡：用于创建批注、校对等操作。

“视图”选项卡：用于切换各种视图和对窗口的一些操作。

另外，还可能在执行某些操作时出现相应的工具选项卡，如制作表格、图标等。

（2）Word 的基本排版

将给定的《荷塘月色》文本文件排版成图 2.1.2 所示的版面（注意：省略处必须是完整的文本）。

> **荷塘月色**
>
> 这几天心里颇不宁静。今晚在院子里坐着乘凉，忽然想起日日走过的荷塘，在这满月的月光里，总该另有一番样子吧。月亮渐渐地升高了，墙外马路上孩子们的欢笑，已经听不见了；妻在屋里拍着闰儿，迷迷糊糊地哼着眠歌。我悄悄地披了大衫，带上门出去。
>
> 沿着荷塘，是一条曲折的小煤屑路。这是一条幽僻的路；白天也少人走，夜晚更加寂寞。荷塘四面，长着许多树，蓊蓊郁郁的。路的一旁，是些杨柳，和一些不知道名字的树。没有月光的晚上，这路上阴森森的，有些怕人。今晚却很好，虽然月光也还是淡淡的。
>
> ……………………………
>
> 采莲南塘秋，莲花过人头；低头弄莲子，莲子清如水。今晚若有采莲人，这儿的莲花也算得“过人头”了；只不见一些流水的影子，是不行的。这令我到底惦着江南了。
>
> 这样想着，猛一抬头，不觉已是自己的门前；轻轻地推门进去，什么声息也没有，妻已睡熟好久了。
>
> 一九二七年七月，北京清华园。

图 2.1.2　Word 样张 1

1）文本录入。

选择“文件”→“新建”命令，在打开的新建面板中选择“空白文档”选项，再单击“创建”按钮，然后输入文本，每个自然段都从最前面（顶格）开始输入，输完一个自然段后按 Enter 键即可。

本实验可省掉此步，将“Office 实验素材\word 实验”文件夹下的荷塘月色文本文件打开即可。

2）排版。

① 选中文章标题“荷塘月色”，选择“开始”选项卡，在“字体”功能区中将字体设置为二号、加粗，在“段落”功能区设置对齐方式为居中。

② 选中除标题和最后一行外的所有段落，单击“页面布局”选项卡“段落”功能区中的对话框启动器按钮，弹出“段落”对话框，如图 2.1.3 所示，设置“缩进”选项组中的“特殊格式”为首行缩进，“磅值”为 2 字符。

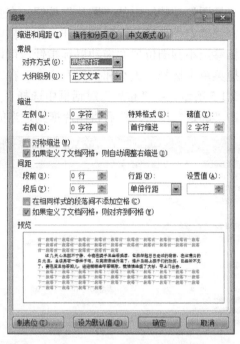

图 2.1.3 "段落"对话框

③ 将光标移至第一个自然段，选择"插入"选项卡，单击"文本"功能区中的"首字下沉"下拉按钮，在弹出的下拉列表框中选择"下沉"命令。

④ 选中最后一行，单击"开始"选项卡"段落"功能区中的"文本右对齐"按钮，即可完成所要求的排版。

⑤ 选择"文件"→"保存"命令，输入文件名即可保存所编辑的文档。

（3）Word 的图文混排

在图 2.1.2 所示的文档中插入图片，排版成图 2.1.4 所示的文档。

图 2.1.4　Word 样张 2

单击"插入"选项卡"插图"功能区中的"图片"按钮，在弹出的"图片"对话框中选择所要插入的图片，单击"确定"按钮，此时图片插入到文档中。选中图片，此时有 8 个小圆圈框住图片，将光标移至小圆圈位置并拖动鼠标指针，可以改变图片大小；也可在图片上右击，在弹出的快捷菜单中选择"大小和位置"命令，在"布局"对话框中精确设置图片大小等属性，如图 2.1.5 所示。在"布局"对话框中选择"文字环绕"选项卡，将环绕方式设置为四周型，单击"确定"按钮，然后将图片拖到适当的位置。

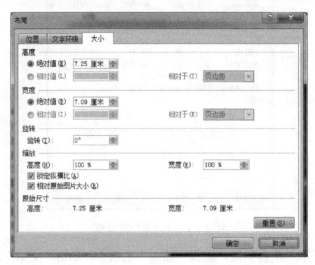

图 2.1.5 "布局"对话框

（4）Word 的分栏、文本框的排版

1）分栏。

选中文档中从"曲曲折折的荷塘上面"到"如梵婀玲上奏着的名曲。"两个自然段，选择"页面布局"选项卡，单击"页面设置"功能区中的"分栏"按钮，在弹出的下拉列表框中选择"更多分栏"命令，在弹出的"分栏"对话框中选择"两栏"，勾选"分隔线"复选框，即可排版成图 2.1.6 所示的文档。

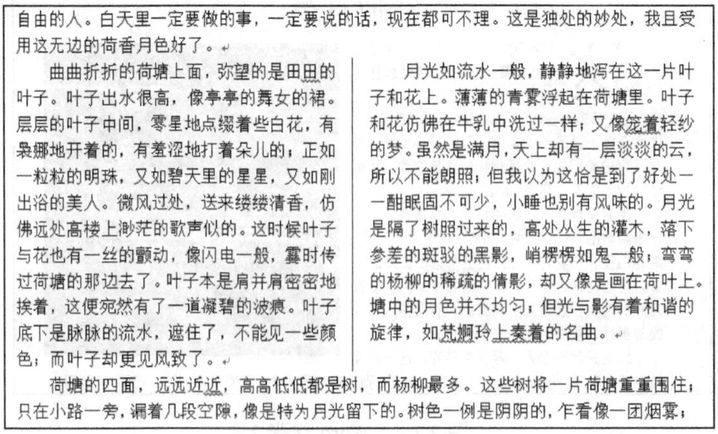

自由的人。白天里一定要做的事，一定要说的话，现在都可不理。这是独处的妙处，我且受用这无边的荷香月色好了。

曲曲折折的荷塘上面，弥望的是田田的叶子。叶子出水很高，像亭亭的舞女的裙。层层的叶子中间，零星地点缀着些白花，有袅娜地开着的，有羞涩地打着朵儿的，正如一粒粒的明珠，又如碧天里的星星，又如刚出浴的美人。微风过处，送来缕缕清香，仿佛远处高楼上渺茫的歌声似的。这时候叶子与花也有一丝的颤动，像闪电一般，霎时传过荷塘的那边去了。叶子本是肩并肩密密地挨着，这便宛然有了一道凝碧的波痕。叶子底下是脉脉的流水，遮住了，不能见一些颜色；而叶子却更见风致了。

月光如流水一般，静静地泻在这一片叶子和花上。薄薄的青雾浮起在荷塘里。叶子和花仿佛在牛乳中洗过一样；又像笼着轻纱的梦。虽然是满月，天上却有一层淡淡的云，所以不能朗照；但我以为这恰是到了好处——酣眠固不可少，小睡也别有风味的。月光是隔了树照过来的，高处丛生的灌木，落下参差的斑驳的黑影，峭楞楞如鬼一般；弯弯的杨柳的稀疏的倩影，却又像是画在荷叶上。塘中的月色并不均匀；但光与影有着和谐的旋律，如梵婀玲上奏着的名曲。

荷塘的四面，远远近近，高高低低都是树，而杨柳最多。这些树将一片荷塘重重围住；只在小路一旁，漏着几段空隙，像是特为月光留下的。树色一例是阴阴的，乍看像一团烟雾；

图 2.1.6 Word 样张 3

2）文本框。 文本框是将文本框中的文本像图片一样作为一个整体来处理。既可以新建文本框，并录入文字，也可以将已有的文本转化为文本框；既可以设置环绕方式，也可以设置边框式样等。

例如，选中文档中"忽然想起采莲的事情来了"自然段，选择"插入"选项卡，单击"文本"功能区中的"文本框"按钮，在弹出的下拉列表框中选择"绘制文本框"命令（也可选择"绘制竖排文本框"命令），即可将选中的自然段绘制成文本框，如图 2.1.7 所示。

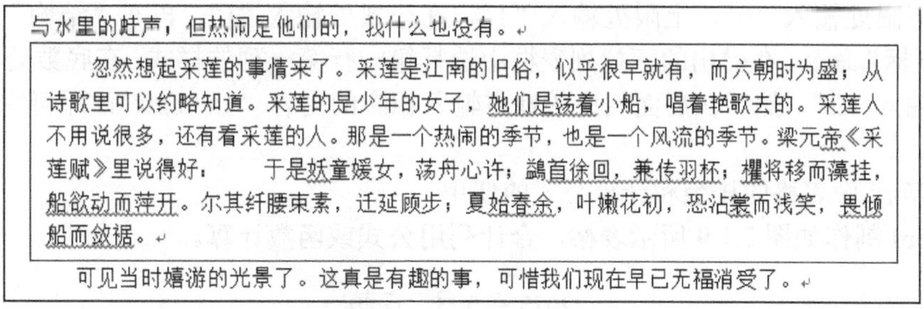

与水里的蛙声，但热闹是他们的，我什么也没有。

忽然想起采莲的事情来了。采莲是江南的旧俗，似乎很早就有，而六朝时为盛；从诗歌里可以约略知道。采莲的是少年的女子，她们是荡着小船，唱着艳歌去的。采莲人不用说很多，还有看采莲的人。那是一个热闹的季节，也是一个风流的季节。梁元帝《采莲赋》里说得好：　　于是妖童媛女，荡舟心许，鷁首徐回，兼传羽杯；櫂将移而藻挂，船欲动而萍开。尔其纤腰束素，迁延顾步，夏始春余，叶嫩花初，恐沾裳而浅笑，畏倾船而敛裾。

可见当时嬉游的光景了。这真是有趣的事，可惜我们现在早已无福消受了。

图 2.1.7　Word 样张 4

（5）Word 的水印、艺术字和公式的排版

1）给文档加水印。 水印是文档的背景，颜色较浅。水印可以是文字，也可以是图片。

① 在图 2.1.2 Word 样张 1 中加文字水印的方法如下：

选择"页面布局"选项卡，单击"页面背景"功能区中的"水印"按钮，在弹出的下拉列表框中选择"自定义水印"命令，在弹出的"水印"对话框中点选"文字水印"单选按钮，再设置相应的属性，如文字、字体、字号、透明度、版式等，单击"确定"按钮即可。

② 在图 2.1.2 Word 样张 1 中加图片水印的方法如下：

操作同①，在弹出的"水印"对话框中点选"图片水印"单选按钮，再单击"选择图片"按钮，在弹出的"插入图片"对话框中选择一个图片，单击"确定"按钮即可。

2）艺术字。 艺术字和文本框一样，也是作为一个整体进行处理的，可以设置环绕方式、边框式样等。

操作方法：将光标移至最后，选择"插入"选项卡，单击"文本"功能区中的"艺术字"按钮，在弹出的下拉列表框中选择某种艺术字，如第 5 行第 5 列的，然后输入文字。单击艺术字，可适当改变大小；单击绿色圆圈并拖动鼠标指针，可进行旋转。操作后的结果如图 2.1.8 所示。

图 2.1.8　Word 样张 5

3）公式的编辑。

编辑公式：$S=\int_0^1(x^2+x+1)dx$。

操作方法如下。

选择"插入"选项卡，单击"符号"功能区中的"公式"按钮，在弹出的下拉列表框中选择"插入新公式"命令，在其中输入"S="，在"公式工具"上下文工具栏"设计"选项卡的"结构"功能区中选择"积分"命令，在弹出的下拉列表框中选择第一行第二列的样式，在下限处输入"0"，上限处输入"1"，在公式处输入"("，再在"结构"功能区中选择"上下标"命令，在弹出的下拉列表框中选择第一行第一列的样式，在底数处输入"x"，在指数处输入"2"，然后在后面相应的地方输入相应的内容"+x+1)dx"，即可完成此公式的编辑。

（6）Word 中表格的排版和计算公式的使用

用 Word 制作如图 2.1.9 所示表格，合计列用公式或函数计算。

2015 年 5 月工资表

工号	姓名	工资			合计
		基本工资	绩效工资	奖金	
001	张三	1000	3000	4000	8000
002	李四	1200	4000	3500	8700
003	王五	1100	3500	5000	9600

制表人：钱七　　　　　　　　　　　　　制表日期：2015 年 5 月 5 日

图 2.1.9　Word 样张 6

操作步骤：

1）先输入表的标题"2015 年 5 月工资表"。

2）再在下面插入一个 5 行 6 列的空表。

选择"插入"选项卡，单击"表格"功能区中的"表格"按钮，在弹出的下拉列表框中选择"插入表格"命令，弹出"插入表格"对话框，在其中的"表格尺寸"中行数输入5，列数输入 6，如图 2.1.10 所示。

2015 年 5 月工资表

图 2.1.10　表样 1

3）调整表格样式。

同时选中表格中第 1 列的第 1、2 行，选择"表格工具"上下文工具栏"布局"选项卡，单击"合并"功能区的"合并单元格"按钮，即可将选中的两个单元格合并。

同样地操作，将第 2 列的第 1、2 行，第 1 行的第 3、4、5 列，第 6 列的第 1、2 行分别合并，如图 2.1.11 所示。

2015 年 5 月工资表

图 2.1.11　表样 2

4）输入数据。

在表格相应的单元格中输入数据，如图 2.1.12 所示。

2015 年 5 月工资表

工号	姓名	工资			合计
		基本工资	绩效工资	奖金	
001	张三	1000	3000	4000	
002	李四	1200	4000	3500	
003	王五	1100	3500	5000	

制表人：钱七　　　　　　　　　　　　　　制表日期：2015 年 5 月 5 日

图 2.1.12　表样 3

5）编辑公式计算合计。

将光标定位在张三的合计栏，选择"表格工具"上下文工具栏"布局"选项卡，单击"数据"功能区中的"公式"按钮，在弹出的"公式"对话框中的"公式"文本框中编辑公式"=SUM(Left)"，单击"确定"按钮，即可计算张三的合计。同样的方法可计算其他人的合计，如图 2.1.13 所示。

2015 年 5 月工资表

工号	姓名	工资			合计
		基本工资	绩效工资	奖金	
001	张三	1000	3000	4000	8000
002	李四	1200	4000	3500	8700
003	王五	1100	3500	5000	9600

制表人：钱七　　　　　　　　　　　　　　制表日期：2015 年 5 月 5 日

图 2.1.13　表样 4

6）选中整个表格。

方法：当鼠标指针移至表格时，在表格的左上角显示一个十字箭头，单击它即可选中整个表格。

7）选择"表格工具"上下文工具栏"布局"选项卡，单击"对齐方式"功能区中的"水平居中"（第 2 行第 2 列）按钮，即可完成表格的制作，如图 2.1.14 所示。

2015 年 5 月工资表

工号	姓名	工资			合计
		基本工资	绩效工资	奖金	
001	张三	1000	3000	4000	8000
002	李四	1200	4000	3500	8700
003	王五	1100	3500	5000	9600

制表人：钱七　　　　　　　　　　　制表日期：2015 年 5 月 5 日

图 2.1.14　表样 5

（7）插入页眉和页码

在 Word 排版中有时需要插入页眉（即每个页面的顶部）、页码等信息，通常页码插入到页脚处，如图 2.1.15 和图 2.1.16 所示。

朱自清散文

荷塘月色

这 几天心里颇不宁静。今晚在院子里坐着乘凉，忽然想起日日走过的荷塘，在这满月的月光里，总该另有一番样子吧。月亮渐渐地升高了，墙外马路上孩子们的欢笑，已经听不见了；妻在屋里拍着闰儿，迷迷糊糊地哼着眠歌。我悄悄地披了大衫，带上门出去。

图 2.1.15　Word 样张 7

这样想着，猛一抬头，不觉已是自己的门前；轻轻地推门进去，什么声息也没有，妻已睡熟好久了。

一九二七年七月，北京清华园。

1

图 2.1.16　Word 样张 8

操作方法如下。

插入页眉：选择"插入"选项卡，单击"页眉和页脚"功能区中的"页眉"按钮，在其下拉列表框中选择一种式样，如奥斯汀式样，在"键入文档标题"处填写相应的内容即可，如朱自清散文。每个文档既可设置每页的页眉相同，也可设置奇偶页的页眉不相同，然后关闭页眉页脚即可完成页眉的编辑。

插入页码：选择"插入"，单击"页眉和页脚"功能区中的"页码"按钮，在其下拉列表框中选择"页面底端"命令，再在其下拉列表框中选择一种式样，如普通数字 3 即可。

2. Excel 实验

（1）认识 Excel 2010

Excel 2010 有许多选项卡组成，每个选项卡包括许多功能组（区），在有些功能区的右下角有对话框启动器，可以展开更多的功能，如图 2.1.17 所示。

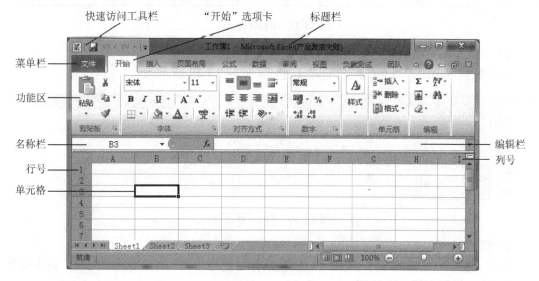

图 2.1.17　Excel 界面

这些选项卡介绍如下。

"文件"选项卡：用于新建、保存 Excel 文档。

"开始"选项卡：用于一些基本操作。

"插入"选项卡：用于各种对象的插入。

"页面布局"选项卡：用于对整个页面的操作和设置。

"公式"选项卡：用于通过使用公式和函数的计算。

"数据"选项卡：用于排序、筛选等操作。

"审阅"选项卡：用于新建批注等。

"视图"选项卡：用于各种显示方式的切换。

（2）Excel 数据录入

数据录入是 Excel 数据统计排版的基础，Excel 数据统计排版首先必须要有数据。可将数据分为三种情况（无规律的数据、有规律的数据、可使用公式或函数求得的数据），分别进行录入。

1）基本数据的录入（无规律的数据）。

此类数据只能根据表格手工录入，如图 2.1.18 所示。

	A	B	C	D	E	F	G	H	I
1	学生成绩表								
2	学号	姓名	性别	语文	数学	外语	总成绩	平均成绩	名次
3		张三	男	80	90	65			
4		李四	女	88	78	90			
5		王五	男	85	92	80			
6		赵六	男	86	78	75			
7		钱七	女	90	88	95			

图 2.1.18　Excel 样张 1

2）有规律的数据录入（如学号数据）。

此类数据可用序列填充或拖动的方式进行，如图 2.1.19 所示。

	A	B	C	D	E	F	G	H	I
1	学生成绩表								
2	学号	姓名	性别	语文	数学	外语	总成绩	平均成绩	名次
3	U201401001	张三	男	80	90	65			
4	U201401002	李四	女	88	78	90			
5	U201401003	王五	男	85	92	80			
6	U201401004	赵六	男	86	78	75			
7	U201401005	钱七	女	90	88	95			

图 2.1.19　Excel 样张 2

操作方法如下。

在单元格 A3 中输入 U201401001，按住鼠标左键拖动 A3 单元格的填充柄，向下拖至 A7 单元格，松开鼠标左键即可。

3）可使用公式或函数求得的数据（如总成绩、平均成绩、名次，名次根据总成绩求得）。

此类数据应使用公式或函数计算求得，如图 2.1.20 所示。

	A	B	C	D	E	F	G	H	I
1	学生成绩表								
2	学号	姓名	性别	语文	数学	外语	总成绩	平均成绩	名次
3	U201401001	张三	男	80	90	65	235	78.33333	5
4	U201401002	李四	女	88	78	90	256	85.33333	3
5	U201401003	王五	男	85	92	80	257	85.66667	2
6	U201401004	赵六	男	86	78	75	239	79.66667	4
7	U201401005	钱七	女	90	88	95	273	91	1

图 2.1.20　Excel 样张 3

操作方法如下。

单击 G3 单元格，在编辑栏中编辑函数=SUM(D3:F3)，按 Enter 键即可求出张三的总成绩。再按照 2）中的方法，拖动 G3 单元格的填充柄至 G7 即可求得全部总成绩。

同样的方法即可求得平均成绩，所用函数为"=AVERAGE(D3:F3)"。

同样的方法也可求得名次，所用函数为"=RANK(G3,$G$3:$G$7)"。

（3）Excel 基本排版

1）选中 A1:I1，选择"开始"选项卡，单击"对齐方式"功能区中的"合并后居中"按钮。

2）选中 A2:I7，选择"开始"选项卡，单击"对齐方式"功能区中的"居中"按钮。

3）选中 H3:H7，选择"开始"选项卡，单击"数字"功能区中的"减少小数位数"按钮至 1 位小数。

4）选中 A2:I7，选择"开始"选项卡，单击"字体"功能区中的"边框"按钮，在其下拉列表框中选择"所有框线"按钮。

5）选中 A2:I2，选择"开始"选项卡，单击"字体"功能区中的"填充颜色"按钮，在其下拉列表框中选择"浅绿"按钮。

排版后的结果如图 2.1.21 所示。

学号	姓名	性别	语文	数学	外语	总成绩	平均成绩	名次
				学生成绩表				
U201401001	张三	男	80	90	65	235	78.3	5
U201401002	李四	女	88	78	90	256	85.3	3
U201401003	王五	男	85	92	80	257	85.7	2
U201401004	赵六	男	86	78	75	239	79.7	4
U201401005	钱七	女	90	88	95	273	91.0	1

图 2.1.21　Excel 样张 4

（4）Excel 基本的数据处理

1）将百分制的平均成绩转化为五个等级，如图 2.1.22 所示。

操作方法如下。

增加一个字段"等级"，在 J3 单元格中编辑函数"=IF(H3>=90,"优秀",IF(H3>=80,"良好",IF(H3>=70,"中等",IF(H3>=60,"及格","不及格"))))"，按 Enter 键，即可求得张三的等级。同 2）中的操作一样，按住 J3 单元格的填充柄拖至 J7，即可求得全部学生的等级。参照前面的方法将等级列居中对齐，画边框线等。

学号	姓名	性别	语文	数学	外语	总成绩	平均成绩	名次	等级
				学生成绩表					
U201401001	张三	男	80	90	65	235	78.3	5	中等
U201401002	李四	女	88	78	90	256	85.3	3	良好
U201401003	王五	男	85	92	80	257	85.7	2	良好
U201401004	赵六	男	86	78	75	239	79.7	4	中等
U201401005	钱七	女	90	88	95	273	91.0	1	优秀

图 2.1.22　Excel 样张 5

2）统计各门课程的各分数段的人数，如图 2.1.23 所示。

学号	姓名	性别	语文	数学	外语	总成绩	平均成绩	名次	等级
				学生成绩表					
U201401001	张三	男	80	90	65	235	78.3	5	中等
U201401002	李四	女	88	78	90	256	85.3	3	良好
U201401003	王五	男	85	92	80	257	85.7	2	良好
U201401004	赵六	男	86	78	75	239	79.7	4	中等
U201401005	钱七	女	90	88	95	273	91.0	1	优秀
	90以上		1	2	2				
	80-89		4	1	1				
	70-79		0	2	1				
	60-69		0	0	1				
	60以下		0	0	0				

图 2.1.23　Excel 样张 6

操作方法如下。

在 B8:B12 单元格中输入如下文本，如图 2.1.24 所示。

7	U201401005	钱七	女
8		90以上	
9		80-89	
10		70-79	
11		60-69	
12		60以下	

图 2.1.24　Excel 样张 7

再在 D8 单元格中编辑函数 "=COUNTIF(D3:D7,">=90")"，按 Enter 键。

同理，在 D9 单元格中编辑公式 "=COUNTIF(D3:D7,">=80")-D8"，按 Enter 键。

在 D10 单元格中编辑公式 "=COUNTIF(D3:D7,">=70")-D8-D9"，按 Enter 键。

在 D11 单元格中编辑公式 "=COUNTIF(D3:D7,">=60")-D8-D9-D10"，按 Enter 键。

在 D12 单元格中编辑函数 "=COUNTIF(D3:D7,"<60")"，按 Enter 键。

用拖动的方法同时选中 D8:D12，按住鼠标左键将此区域单元格的填充柄向右拖动两列，即可求得各分数段的学生人数。

（5）Excel 条件格式的设置

所谓条件格式是指为单元格设置一种显示样式，当满足规定的条件时按此样式显示，以醒目提示，否则正常显示。

将语文、数学、外语三门课成绩在 85 分及以上的分数用红色字显示，如图 2.1.25 所示。

	A	B	C	D	E	F	G	H	I	J
1					学生成绩表					
2	学号	姓名	性别	语文	数学	外语	总成绩	平均成绩	名次	等级
3	U201401001	张三	男	80	90	65	235	78.3	5	中等
4	U201401002	李四	女	88	78	90	256	85.3	3	良好
5	U201401003	王五	男	85	92	80	257	85.7	2	良好
6	U201401004	赵六	男	86	78	75	239	79.7	4	中等
7	U201401005	钱七	女	90	88	95	273	91.0	1	优秀
8		90以上		1	2	2				
9		80-89		4	1	1				
10		70-79		0	2	1				
11		60-69		0	0	1				
12		60以下		0	0	0				

图 2.1.25　Excel 样张 8

操作方法如下。

选中 D3:F7，然后选择"开始"选项卡，单击"样式"功能区中的"条件格式"按钮，在其下拉列表框中选择"突出显示单元格规则"→"其他规则"命令，如图 2.1.26 所示。在弹出的"新建格式规则"对话框中设置条件，单击"格式"按钮，在弹出的"设置单元格格式"对话框"字体"选项卡中设置颜色即可，如图 2.1.27 所示。

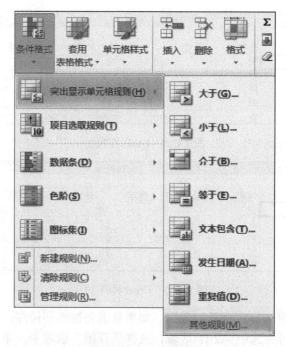

图 2.1.26　条件格式

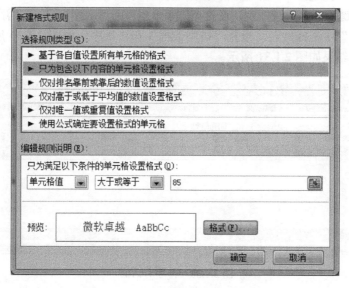

图 2.1.27　"新建格式规则"对话框

（6）Excel 排序和筛选

1）排序是对数据按行排序。

自动排序：将光标定位在姓名列上，选择"开始"选项卡，单击"编辑"功能区中的"排序和筛选"按钮，在其下拉列表框中选择"升序"命令，即可按姓名升序排序。原始数据如图 2.1.28 所示，排序结果如图 2.1.29 所示。

	A	B	C	D	E	F	G	H	I
1	学生成绩表								
2	学号	姓名	性别	语文	数学	外语	总成绩	平均成绩	名次
3	U201401001	张三	男	80	90	65	235	78.33333	5
4	U201401002	李四	女	88	78	90	256	85.33333	3
5	U201401003	王五	男	85	92	80	257	85.66667	2
6	U201401004	赵六	男	86	78	75	239	79.66667	4
7	U201401005	钱七	女	90	88	95	273	91	1

图 2.1.28　Excel 样张 9

	A	B	C	D	E	F	G	H	I
1	学生成绩表								
2	学号	姓名	性别	语文	数学	外语	总成绩	平均成绩	名次
3	U201401002	李四	女	88	78	90	256	85.33333	3
4	U201401005	钱七	女	90	88	95	273	91	1
5	U201401003	王五	男	85	92	80	257	85.66667	2
6	U201401001	张三	男	80	90	65	235	78.33333	5
7	U201401004	赵六	男	86	78	75	239	79.66667	4

图 2.1.29　Excel 样张 10

　　自定义排序：对图 2.1.28 所示的数据，如果要求先按性别排序，再按姓名排序，性别是第一字段，则排序可先选中 A2:I7 区域，选择“开始”选项卡，单击“编辑”功能区中的“排序和筛选”按钮，在其下拉列表框中选择“自定义排序”命令，弹出“排序”对话框。在“主要关键字”中选择性别，设置“排序依据”和“次序”；单击“添加条件”按钮，在“次要关键字”中选择姓名，设置“排序依据”和“次序”如图 2.1.30 所示，单击“确定”按钮即可。结果如图 2.1.31 所示。

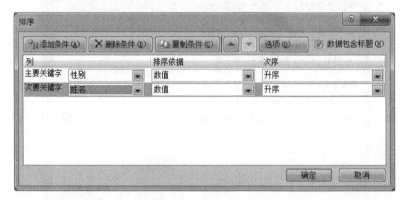

图 2.1.30　排序对话框

	A	B	C	D	E	F	G	H	I
1	学生成绩表								
2	学号	姓名	性别	语文	数学	外语	总成绩	平均成绩	名次
3	U201401003	王五	男	85	92	80	257	85.66667	2
4	U201401001	张三	男	80	90	65	235	78.33333	5
5	U201401004	赵六	男	86	78	75	239	79.66667	4
6	U201401002	李四	女	88	78	90	256	85.33333	3
7	U201401005	钱七	女	90	88	95	273	91	1

图 2.1.31　Excel 样张 11

2）筛选是只把满足条件的行显示出来的操作。

筛选 1：将图 2.1.31 所示表中的男生信息显示出来，屏蔽女生的信息，如图 2.1.32 所示。

	A	B	C	D	E	F	G	H	I
1	学生成绩表								
2	学号	姓名	性别	语文	数学	外语	总成绩	平均成绩	名次
3	U201401003	王五	男	85	92	80	257	85.66667	2
4	U201401001	张三	男	80	90	65	235	78.33333	5
5	U201401004	赵六	男	86	78	75	239	79.66667	4

图 2.1.32　Excel 样张 12

操作方法：选中 A2:I7 区域，选择"开始"选项卡，单击"编辑"功能区中的"排序和筛选"按钮，在其下拉列表框中选择"筛选"命令，如图 2.1.33 所示。单击性别后面的按钮，在弹出的下拉列表框中取消勾选"女"复选框，如图 2.1.34 所示，单击"确定"按钮即可。

取消筛选：可以再次选择"开始"选项卡，单击"编辑"功能区中的"排序和筛选"按钮，在其下拉列表框中选择"筛选"命令即可取消筛选。

	A	B	C	D	E	F	G	H	I
1	学生成绩表								
2	学号	姓名	性别	语文	数学	外语	总成绩	平均成绩	名次
3	U201401003	王五	男	85	92	80	257	85.66667	2
4	U201401001	张三	男	80	90	65	235	78.33333	5
5	U201401004	赵六	男	86	78	75	239	79.66667	4
6	U201401002	李四	女	88	78	90	256	85.33333	3
7	U201401005	钱七	女	90	88	95	273	91	1

图 2.1.33　Excel 样张 13

图 2.1.34　Excel 样张 14

筛选 2：将图 2.1.31 所示表中的外语成绩在 70～89 的学生信息显示出来，如图 2.1.35 所示。

	A	B	C	D	E	F	G	H	I
1	学生成绩表								
2	学号	姓名	性别	语文	数学	外语	总成绩	平均成绩	名次
3	U201401003	王五	男	85	92	80	257	85.66667	2
4	U201401004	赵六	男	86	78	75	239	79.66667	4
8									

图 2.1.35　Excel 样张 15

操作方法：选中 A2:I7 区域，选择"开始"选项卡，单击"编辑"功能区中的"排序和筛选"按钮，在其下拉列表框中选择"筛选"命令，如图 2.1.33 所示。单击外语后面的下拉按钮，在其下拉列表框中选择"数字筛选"命令，如图 2.1.36 所示。选择"自定义筛选"命令，在弹出的"自定义自动筛选方式"对话框中设置相应条件如图 2.1.37 所示，单击"确定"按钮即可。

取消筛选：操作步骤同前述"取消操作"。

图 2.1.36　数字筛选

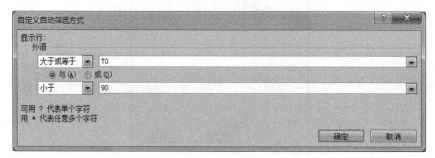

图 2.1.37　设置"自定义自动筛选方式"条件

（7）Excel 分类汇总

根据图 2.1.21 所示表中数据，分别求出男、女生平均成绩的平均值。

操作方法如下。

1）先按汇总字段"性别"排序。选中 A2:I7 区域，按前述"自定义排序"方法进行操作，在"排序"对话框中的主要关键字中选择"性别"，单击"确定"按钮，即可按性别排序。

2）分类汇总。选中 A2:I7（可能已是选中状态）区域，选择"数据"选项卡，单击"分级显示"功能区中的"分类汇总"按钮，在弹出的"分类汇总"对话框中的"分类字段"中选性别，"汇总方式"中选平均值，"选定汇总项"为平均成绩，单击"确定"按钮即可。汇总结果如图 2.1.38 所示。

	A	B	C	D	E	F	G	H	I
1	学生成绩表								
2	学号	姓名	性别	语文	数学	外语	总成绩	平均成绩	名次
3	U201401001	张三	男	80	90	65	235	78.3	5
4	U201401003	王五	男	85	92	80	257	85.7	2
5	U201401004	赵六	男	86	78	75	239	79.7	4
6	男 平均值							81.2	
7	U201401002	李四	女	88	78	90	256	85.3	3
8	U201401005	钱七	女	90	88	95	273	91.0	1
9	女 平均值							88.2	
10	总计平均值							84.0	

图 2.1.38　Excel 样张 15

（8）Excel 图表的制作

按照图 2.1.25 所示的数据操作。

1）根据语文、数学、外语成绩制作图表，如图 2.1.39 所示。

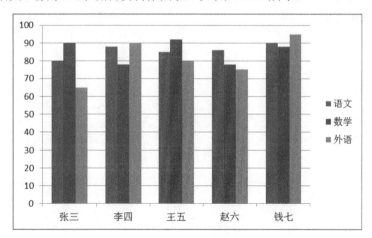

图 2.1.39　矩形图

操作方法如下。

选择 B2:B7 和 D2:F7 两个区域（注意：选第二个区域时要按住 Ctrl 键），选择"插入"选项卡，单击"图表"功能区中的"柱形图"按钮，在其下拉列表框中选择"二维柱形图"中的"簇状柱形图"命令即可。

2）根据外语成绩各分数段人数，制作如图 2.1.40 所示的图表。

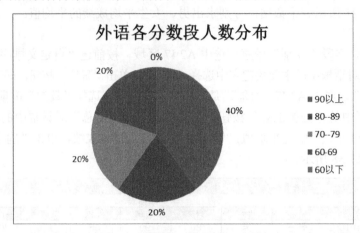

图 2.1.40 饼形图

操作方法如下。

选中 B8:B12 和 F8:F12 两列数据，选择"插入"选项卡，单击"图表"功能区中的"饼图"按钮，在其下拉列表框中选择"二维饼图"中的"饼图"命令。出现饼形图后，再选择"图表工具"上下文工具栏中的"布局"选项卡，单击"标签"功能区中的"图表标题"按钮，在其下拉列表框中选择"图表上方"命令，更改标题内容为"外语各分数段人数分布"。单击"标签"功能区中的"数据标签"按钮，在其下拉列表框中选择"其他数据标签选项"命令，在弹出的"设置数据标签格式"对话框中取消勾选"标签选项"中"值"复选框，并勾选"百分比"复选框，再点选"标签位置"区域的"数据标签外"单选按钮，单击"关闭"按钮即可。

2 VB.NET 环境与可视化编程基础

【实验目的】

1）了解 VB.NET 的集成开发环境。

2）掌握启动与退出 VB.NET 的方法。

3）掌握建立、编辑和运行一个 VB.NET 应用程序的全过程。

4）掌握基本控件（窗体、文本框、标签、命令按钮）的使用。

【实验内容】

第 1 题　编写一个 Windows 窗体应用程序，当用户单击窗体时，就会弹出一个写有"欢迎使用 VB.Net！"的消息框。

（1）启动 Visual Studio 2010，新建项目

选择任务栏上的"开始"→"所有程序"→"Microsoft Visual Studio 2010"→"Microsoft Visual Studio 2010"命令，即可启动 Visual Studio 2010，进入起始页，如图 2.2.1 所示。

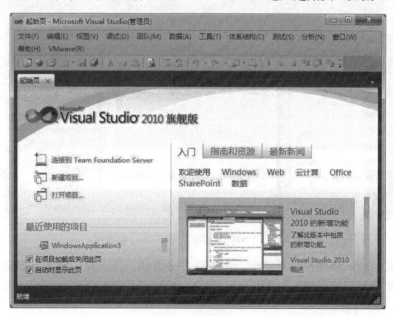

图 2.2.1　起始页

在左侧选择"新建项目"选项，弹出如图 2.2.2 所示的"新建项目"对话框。在对话框的中间列表中选择"Windows 窗体应用程序"选项，在该对话框下方输入项目名称 SyB_1，单击"确定"按钮后，即可进入 Microsoft Visual Studio 2010 集成开发环境，如图 2.2.3 所示。

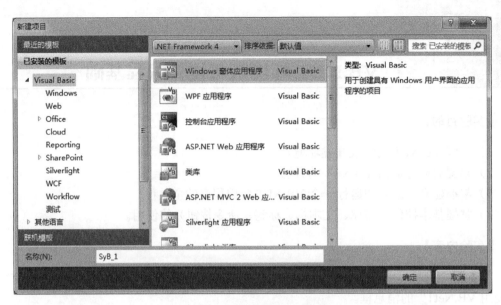

图 2.2.2 "新建项目"对话框

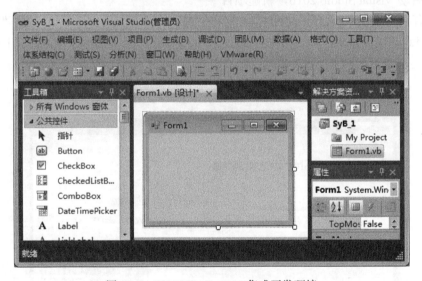

图 2.2.3 Visual Studio 2010 集成开发环境

集成开发环境由标题栏、菜单栏、工具栏、主窗体、工具箱、解决方案资源管理器、属性窗口、代码窗口等组成。打开或关闭常用窗口和工具箱都能在工具栏上找到相应的图标快捷按钮。

（2）设计窗体

设计窗体就是对主窗体进行设计，不仅可以更改窗体的标题，还可以调整整个窗体的大小、边框、字体、颜色、背景等属性。利用属性窗口对窗体的属性进行设置，具体需要设置的属性及设置的值如表 2.2.1 所示。

表 2.2.1　窗体的属性及属性值

属性	值	备注
Name	SyB_1	窗体的名字
Text	Welcome	窗体的标题
BackColor	Color.Silver（灰色）	窗体的背景色
Font	字体：宋体 字形：粗体 大小：小四	设置字体
Size	250, 250	窗体的大小

（3）添加代码

首先打开代码设计窗口：在解决方案资源管理器中，选中窗体文件（Form1.vb）后右击，在弹出的快捷菜单中选择"查看代码"命令。

在代码设计窗口顶部的对象列表框（靠左边的列表框）中选择"Form1 事件"命令；在过程列表框（靠右边的列表框）中选择"Click"命令，则系统会在代码编辑区自动写出相应事件过程的第一行（Private Sub …）和最后一行（End Sub），用户只需输入过程中间的一段代码即可，如下所示：

```
Private Sub SyB_1_Click(ByVal sender As Object, ByVal e As System.
    EventArgs) Handles Me.Click
    MsgBox("欢迎使用 VB.Net！")
End Sub
```

（4）运行程序

单击"调试"菜单下的"启动调试"选项或单击工具栏中的按钮▶，也可直接按 F5 快捷键即可运行该程序。程序启动后，单击窗体，就能看到显示"欢迎使用 VB.Net！"的对话框。运行效果如图 2.2.4 所示。

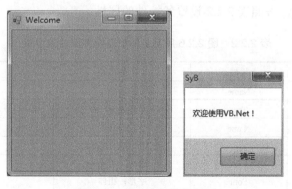

图 2.2.4　第 1 题的运行效果

（5）保存项目

单击工具栏中的"全部保存"按钮🖫，弹出"保存项目"对话框。在对话框中输入项目名称（使用新建项目时起的名称 SyB_1），选择保存位置（选择 E 盘中以学号命名的文件夹，如果此文件夹不存在，系统会自动创建），输入解决方案名称（使用与项目名称相同的名称），如图 2.2.5 所示，单击"保存"按钮。

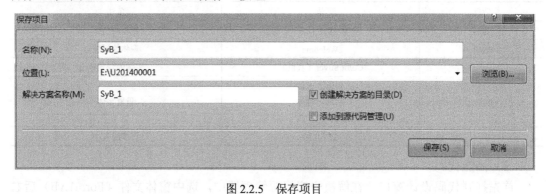

图 2.2.5 保存项目

程序编写完成，关闭 Visual Studio 2010。在保存程序时指定的文件夹下，系统会创建一个解决方案文件夹（文件夹名称为解决方案的名称），在此文件夹下有一个解决方案文件（SyB_1.sln），双击该图标即可再次在 Visual Studio 2010 中打开该项目。

第 2 题 编写程序界面如图 2.2.6 所示的程序，程序运行后，用户在文本框中输入专业名称，单击"你的专业是"命令按钮，则在标签中显示与文本框中一样的专业名称。

图 2.2.6 第 2 题的窗体式样

在程序设计阶段，按照表 2.2.2 设置各控件的属性。

表 2.2.2 图 2.2.6 所示窗体中各控件属性的设置

序号	控件	属性	值	备注
1	Form	Name	SyB_2	—
		Text	SyB_2	—
2	Label	Name	Label1	系统默认名
		Text	学习使用 VB.NET	—
		Font	字体：宋体 字形：粗体 大小：二号	—
3	Label	Name	Label2	系统默认名
		Text	请输入你的专业	—
		Font	大小：三号	—

续表

序号	控件	属性	值	备注
4	TextBox	Name	TextBox1	用途：输入专业
		Font	大小：三号	—
5	Label	Name	Label3	用途：显示专业
		AutoSize	False	尺寸不随文本长度变化
		BorderStyle	Fixed3D	三维边框
		ForeColor	Color.Red（红色）	前景色
		Font	字体：宋体 字形：粗体 大小：三号	—
		Size	130，30	控件大小
6	Button	Name	btnSpecialty	用途：单击时在标签 lblSpecialty 中显示用户输入的专业
		Text	你的专业是	
		Font	大小：三号	—

提示：

本题需要编写代码的事件过程为命令按钮的 Click 事件过程，需要编写的语句如下：

```
Label3.Text = TextBox1.Text
```

第 3 题　编写程序，在文本框中显示单击该窗体的次数，运行效果如图 2.2.7 所示。

提示：

1）本题需要编写代码的事件过程为窗体的 Click 事件过程。

2）假如文本框的名称为 TextBox1，则需要写的语句如下：

```
TextBox1.Text = Val(TextBox1.Text) + 1
```

其中，Val 为一个系统内部函数，其作用是将一个数字字符串转换为数值型数据。

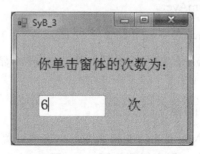

图 2.2.7　第 3 题的窗体式样

第 4 题　编写程序，通过三个文本框输入 3 个实数，这三个文本框控件的名称分别为 txtNum1、txtNum2 和 txtNum3。单击"计算"命令按钮后，计算这三个数的平均值，并将结果显示在第四个文本框 txtAver 中。程序界面如图 2.2.8 所示。

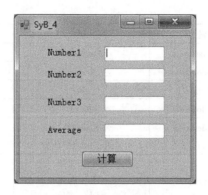

图 2.2.8　第 4 题的窗体式样

提示：

1）本题需要编写代码的事件过程为命令按钮的 Click 事件过程。

2）在命令按钮的 Click 事件过程中，可按照以下步骤完成本题。

步骤 1：声明四个单精度变量，变量名可以按照标识符命名规则自定义，例如，

```
Dim sglNum1, sglNum2, sglNum3, sglNumAver As Single
```

其中，sglNum1、sglNum2、sglNum3 用于存放输入的三个数，sglNumAver 用于存放三个数的平均值。

步骤 2：使用赋值语句，将文本框 txtNum1、txtNum2 和 txtNum3 中的值分别赋值给三个变量：sglNum1、sglNum2 和 sglNum3。

```
sglNum1 = Val(txtNum1.Text)
sglNum2 = Val(txtNum2.Text)
sglNum3 = Val(txtNum3.Text)
```

步骤 3：使用表达式，计算三个变量 sglNum1、sglNum2 和 sglNum3 的平均值，将该表达式的值赋值给变量 sglNumAver。

```
sglNumAver = (sglNum1 + sglNum2 + sglNum3) / 3
```

步骤 4：将变量 sglNumAver 的值在文本框控件 txtAver 中显示，即对文本框控件 txtAver 的 text 属性赋值。

```
txtAver.Text = sglNumAver
```

第 5 题　编写程序，输入矩形的长度和宽度，单击"计算"命令按钮后，计算矩形的面积，并将结果显示在标签中。程序界面如图 2.2.9 所示。

提示：

1）将从文本框中读入的长度和宽度值通过 Val 函数转换为数值型数据后再计算面积。

2）在 VB.NET 中，乘法运算符为"*"。

提高要求：

为了保证程序运行正确，要对输入的长度和宽度进行合法性检查。如果用户输入的不

是数字字符串，则弹出"输入错误"消息框，并将焦点置于对应的文本框上（可参考教材例 4.10 的处理方法）。

第 6 题　编写一个将角度值转换为弧度值的程序。窗体中有一个初始为空的文本框和初始为空的标签，当用户在文本框中输入一个角度值的时候，在标签中自动显示此角度值对应的弧度值。程序界面如图 2.2.10 所示。

图 2.2.9　第 5 题的窗体式样

图 2.2.10　第 6 题的窗体式样

提示：

1）将角度值转换为弧度值的公式为

弧度值=角度值*3.14/180

2）本程序需要在角度值发生变化时对应的弧度值也发生变化，因此需要编写代码的事件过程为文本框的 TextChanged 事件过程。

第 7 题　建立项目 SyB_7。在窗体上有一个图像为蝴蝶的图片框，四个标题分别为"上移"、"下移"、"左移"、"右移"的命令按钮。编写程序，使得单击某个命令按钮时，蝴蝶向相应的方向移动 10 个像素。程序界面如图 2.2.11 所示。

图 2.2.11　第 7 题的窗体式样

提高要求：为窗体添加一幅草地的背景图像（设置窗体的 BackGroundImage 属性）。

第 8 题★　编写一个乘方运算的程序。当用户在文本框 TextBox1 中输入一个数据，单击 "=" 命令按钮时，在文本框 TextBox2 中将显示此数据的平方值。用户也可以自己输入平方值，单击 "判断结果" 命令按钮后，程序判断结果是否正确，并通过消息框告诉用户 "结果正确" 或 "结果错误"。程序界面如图 2.2.12 所示。

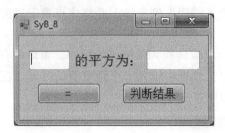

图 2.2.12　第 8 题的窗体式样

提示：

判断结果是否正确的功能需要通过 If 语句来实现，可参考教材例 4.11 中 If 语句的写法。

第 9 题★　模仿教材例 4.2 实现图片框的滚动。选择自己喜欢的图片加载至图片框，将图片框的移动方向从自右向左移动改为自左向右移动，当整个图片框都移出窗体后，再重新从窗体左侧进入窗体。也可以将图片框改为标签。

提示：

1）为了实现自左向右移动，在 tmrRun_Tick 事件过程中，将语句

```
picCar.Left = picCar.Left - 2
```

改为

```
picCar.Left = picCar.Left + 2
```

2）当整个图片框都移出窗体后，再重新从窗体左侧进入窗体，语句为

```
If picCar.Left >= Me.Width Then picCar.Left = -picCar.Width
```

3

语言基础和顺序程序设计

【实验目的】

1）掌握 VB.NET 中的基本数据类型和四种运算符使用。

2）掌握运算符、表达式的正确使用方法。

3）掌握常用函数的使用。

【实验内容】

第 1 题 创建一个窗体应用程序，如图 2.3.1 所示。定义两个布尔型变量 a、b 并分别赋值 True 和 False。要求：编写程序计算出下列表达式的值，单击"计算"命令按钮，输出结果。

1）a And b。

2）Not a Or b。

3）a>b Or b。

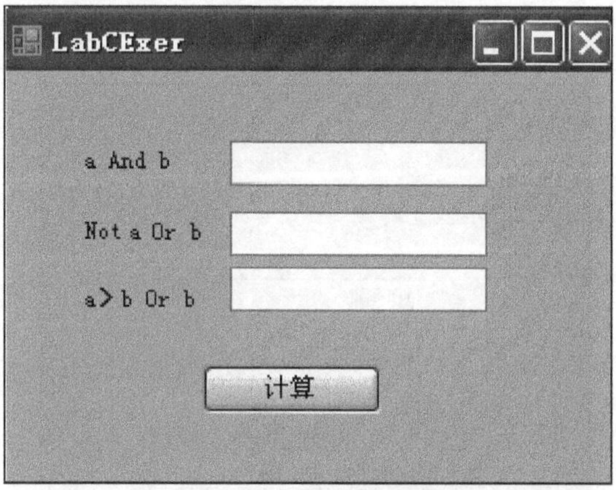

图 2.3.1 第 1 题初始界面

第 2 题 编写一个窗体应用程序，定义两个整型变量 x、y，从键盘上输入 x 和 y。要求：编写程序计算出下列表达式的值，单击"计算"命令按钮输出结果。初始界面如图 2.3.2 所示。

1）$\sin x + \cos y$。

2）$\sqrt[3]{\dfrac{x^2 + y^2}{|y|}}$。

3）$x + y > x^2 - 10x$。

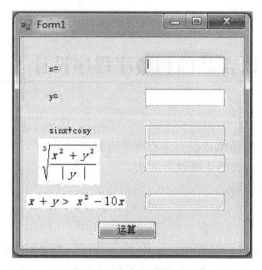

图 2.3.2　第 2 题初始界面

要求：

1）对于第二个和第三个表达式，标签控件里面放图片，设置标签控件的 Image 属性。

2）图 2.3.2 中，三个表达式右边的用于显示结果的文本框为只读文本框，需修改默认的 ReadOnly 属性值。

第 3 题　编写一个用于求随机数的程序，界面如图 2.3.3 所示。

图 2.3.3　第 3 题运行界面

基本要求：

1）只使用图 2.3.3 中第一行的两个命令按钮。

2）单击左侧的命令按钮，则在只读属性文本框中显示一个位于（-50，50]之间的随机整数。

3）单击右侧的命令按钮，则在只读属性文本框中显示一个（0，99.99）范围内的随机浮点数，该浮点数具有两位小数，如图 2.3.3 所示。

提高要求：在图 2.3.3 中与最大值和最小值对应的文本框中分别输入整数范围的最大值和最小值，单击"单击生成随机数"命令按钮，在紧邻着该按钮上方的只读文本框中显示生成的随机整数。

第 4 题　编写程序，首先生成一个四位的随机整数，该整数的范围为[1000，9999]，然后根据该整数，生成一个新的数，如图 2.3.4 所示。

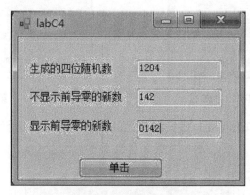

图 2.3.4　第 4 题运行界面

基本要求：

1）该新数的十位和个位分别是原来数的个位和百位，千位和百位分别是原来数的十位和千位。

2）文本框均为只读文本框。

3）该新数的前导零无需显示，如图 2.3.4 中显示的 142。

说明：所谓前导零，指在第一位有意义的数值之前的 0。例如，对数值 00678，第一位有意义的数值是 6，该数值之前的两个 0 均称为前导零。

提高要求：该新数的前导零需显示，即在存在前导零时，将前导零显示出来。例如，生成的新数为 0142，则显示为 0142。

第 5 题　使用字符串 Mid、Left、Right 函数。在窗体上加入三个文本框、三个标签及一个按钮，在文本框中输入超过 12 个字符的字符串。初始界面如图 2.3.5 所示。

要求：

1）有三个文本框：第一个文本框中输入原始字符串，要求超过 6 个字符以上；第二个文本框中输入从左取的字符数；第三个文本框中输入从右取的字符数。通过左取字符数和右取字符数将原始字符串分为左边部分、中间部分和右边部分三部分字符串。

2）单击"单击"命令按钮后，在第一个只读文本框显示左边部分的字符串，在第二个只读文本框显示中间部分的字符串，在第三个只读文本框显示右边部分的字符串。应用程序运行界面如图 2.3.6 所示。

图 2.3.5　第 5 题初始界面　　　　　　　　　图 2.3.6　第 5 题运行界面

第 6 题　编写一个华氏温度与摄氏温度之间转换的程序，运行界面如图 2.3.7 所示。

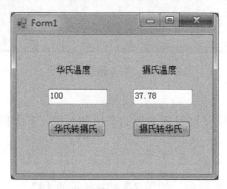

图 2.3.7　第 6 题运行界面

要求：

1）在华氏温度对应的文本框中输入华氏温度时，单击"华氏转摄氏"命令按钮，则在摄氏温度对应的文本框中显示相应的摄氏温度。

2）在摄氏温度对应的文本框中输入摄氏温度时，单击"摄氏转华氏"命令按钮，则在华氏温度对应的文本框中显示相应的华氏温度。

提示：

1）Text 文本框存放 String 类型数据，为了使程序正常运行，应通过 Val()函数将字符串类型转换为数值类型。

2）转换公式是华氏温度＝（9/5）*摄氏温度+32　　（摄氏温度转换为华氏温度）和摄氏温度＝（5/9）*（华氏温度−32）　　（华氏温度转换为摄氏温度）。

第 7 题　设计如图 2.3.8 所示的应用程序界面，在输入字符串对应的文本框中输入字符串。若输入的字符为小写字母，则同步转换为大写字母后在第二行的文本框中同步显示。

图 2.3.8　第 7 题运行界面

提示：使用 Textchanged 事件或 KeyPress 事件。

第 8 题★★　在窗体上加入两个文本框、一个标签及一个命令按钮。运行程序时，在第一个文本框中输入一个字符串，在第二个文本框中输入一个字符，要求该字符包含在第一个文本框中且只出现一次。单击"确定"命令按钮后，将从第一个文本框的字符串中删除第二个文本框中的字符，并在标签上显示结果，如图 2.3.9 所示。

图 2.3.9　第 8 题运行界面

4 选择结构和循环结构

【实验目的】

1）掌握赋值语句的使用。

2）掌握用户交互函数 MsgBox 的使用。

3）掌握 If 语句与 Select Case 语句的使用。

4）掌握 For···Next 语句与 Do···Loop 语句的使用。

5）掌握如何设计循环条件，防止死循环或不循环。

6）掌握循环嵌套的使用方法。

【实验内容】

第1题　有如下分段函数。

$$y=\begin{cases} x^2+3x+2 & x>20 \\ \dfrac{1}{2}+|x| & x<10 \\ \sqrt{3x-2} & \text{其他} \end{cases}$$

基本要求：

1）利用 If 语句实现分段函数的计算。

2）自定义变量名称，自变量 x 的变量类型为单精度型。

3）程序运行初始界面如图 2.4.1 所示。自变量 x 的值从图中第一行的文本框中获取。单击"If 语句实现"命令按钮，将计算出的 y 的值显示在第二行的只读文本框中。

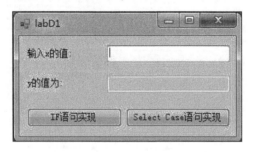

图 2.4.1　第 1 题初始界面

拓展要求：利用 Select Case 语句实现分段函数的计算。此时需单击"Select Case 语句实现"命令按钮计算出 y 值并显示在对应的只读文本框中。

第2题　输入三个数值，根据其数值，判断如果使用它们作为三角形三边，是否能够构成三角形，如能够成三角形，显示其构成三角形的类型。

基本要求：

1）程序执行初始界面如图 2.4.2 所示。

2）使用文本框输入三边的值，单击"单击"命令按钮后，判断是否能构成三角形。

提高要求：如果能构成三角形，进一步判断是等腰三角形、等边三角形、直角三角形、等腰直角三角形还是任意三角形。

第 3 题 输入当月收入金额，编程计算需缴纳的个人所得税金额，并显示当月个人所得税及最后的收入。程序初始界面如图 2.4.3 所示。

图 2.4.2　第 2 题初始界面　　　　　　图 2.4.3　第 3 题初始界面

基本要求：

1）在当月税前收入处填入税前收入，计算分级税费后，进一步计算当月总税费及扣税后收入，在界面中的只读文本框中显示。

2）利用多分支 If 语句实现。

拓展要求：利用 Select Case 语句实现。

说明：个人所得税累进税率表如表 2.4.1 所示。

表 2.4.1　个人所得税累进税率表

级数	全月收入减去 3500 元之后的应纳税所得额	税率(%)
1	不超过 1500 元的	3
2	超过 1500 元至 4500 元的部分	10
3	超过 4500 元至 9000 元的部分	20
4	超过 9000 元至 35000 元的部分	25
5	超过 35000 元至 55000 元的部分	30
6	超过 55000 元至 80000 元的部分	35
7	超过 80000 元的部分	45

个人所得税采用累进税率。如果收入为 18500 元，则收入部分应该缴纳税的所得额为 18500 元-3500 元=15000 元。

这应缴纳税费的收入 15000 元中，具体纳税计算如下。

有 1500 元按照 3%纳税，剩 15000 元-1500 元=13500 元>4500 元；

在 1500～4500 元之间，即 4500 元-1500 元=3000 元，按 10%纳税，剩 13500 元-3000 元 =10500 元；

在 4500～9000 元之间，即 9000 元-4500 元=4500 元，按 20%纳税，剩 10500 元-4500 元 =6000 元；

在 9000～15000 元之间，即 15000 元-9000 元=6000 元，按 25%纳税，剩 6000 元-6000 元 =0 元。

故总共需缴纳的税费为 1500*3%+3000*10%+4500*20%+6000*25%。

第 4 题 随机生成位于范围[-500，999]的 A、B、C 三个整数，并进一步对三个数值 按从大到小的次序排序，要求排序后 A 中存放最大值，C 中存放最小值。程序初始界面 如图 2.4.4 所示。

要求：

1）单击"单击"命令按钮，生成位于范围[-500，999]的 A、B、C 三个整数，将这三 个整数的初始值显示在图 2.4.4 的第一列只读文本框中，即为 A、B、C 排序前的值。

2）然后将这三个数排序，并最终使得 A>B>C，将排序后的 A、B、C 的值显示在图 2.4.4 的第二列排序后的只读文本框中。

提示：三个变量的排序，可以转换为两两排序的过程。两两排序的核心是对变量两两 比较后，根据比较结果使用分支语句调整变量中的值。具体步骤如下。

步骤 1：变量 A 与变量 B 排序，排序后结果为 A≥B。

步骤 2：变量 A 与变量 C 排序，排序后的结果，使得 A≥C。

步骤 3：变量 B 与变量 C 排序，排序后的结果，使得 B≥C。

第 5 题 输入一元二次方程 $ax^2+bx+c=0$ 的系数 a、b、c，计算并输出一元二次方程的 两个实根 x1、x2。运行界面如图 2.4.5 所示。

图 2.4.4 第 4 题初始界面

图 2.4.5 第 5 题运行界面

要求：

1）单击"计算"命令按钮，进行求根的计算。求根时要对 a、b、c 三个系数分别考虑 多种情况的处理。如果 a 为 0 或无实根，使用消息框给出提示信息，然后清空 a、b、c，并 使焦点位于文本框 a 中。

2）单击"结束"命令按钮，程序运行结束。

第 6 题 对空抛 100 次硬币，统计出现正反面的概率，开发一个模拟软件，显示出现正面及反面的次数及概率。本题界面自行设计。

提示：利用随机函数 Rnd()，通过循环产生 100 个随机小数并依次判断其值是否小于 0.5，以此来区分抛硬币的正反面。

第 7 题　输入一个数，判断是否为素数并给出判断结果。初始界面如图 2.4.6 所示。

图 2.4.6　第 7 题初始界面

第 8 题　利用计算机解决古代数学问题"鸡兔同笼问题"。即已知在同一笼子里有总数为 m 只鸡和兔，鸡和兔的总脚数为 n 只，求鸡和兔各有多少只？

要求：

1）程序初始界面如图 2.4.7（a）所示。用户输入总只数和总脚数，单击"单击计算"命令按钮，将求得的鸡和兔的数目分别在只读文本框中输出。

2）当输入的总脚数 n 为奇数时，或总脚数小于总只数的 2 倍时，弹出提示框，显示出错信息和出错原因，并要求重新输入数据，如图 2.4.7（b）所示。

（a）第 8 题初始界面

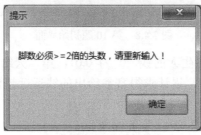

（b）第 8 题数据输入错误提示

图 2.4.7　第 8 题图

第 9 题　编写程序，使用三种方法，显示出所有的水仙花数。本题界面自行设计。

水仙花数是指一个三位数，其各位数字立方和等于该数字本身。例如，$153=1^3+5^3+3^3$。

1）利用单重循环，将三个数连接成一个三位数进行判断。

例如，将 1～9 连接成一个九位数 123456789，程序段如下：

```
s = 0
For i = 1 To 9
  s = s * 10 + i
Next i
```

2）利用单循环将一个三位数逐位分离后进行判断。

例如，将 1～9 连接成一个九位数 123456789，从右边开始逐位分离，程序段如下：

```
s = 123456789
Do While s > 0
  s1 = s Mod 10
  s = s \ 10
Loop
```

3）将三位数转换成字符串，使用字符串的 Left、Right 和 Mid 函数取出三位数的个位、十位、百位，再进行判断。

提示： 正数使用 Str 函数转换成字符串时，前面有一个空格符，使用字符串函数时需注意。

第 10 题　一个富翁试图与陌生人做一笔换钱生意，换钱规则为陌生人每天给富翁 10 万元，直到满一个月（30 天）；而富翁第一天给陌生人 1 分，第二天给 2 分，第三天给 4 分，富翁每天给陌生人的钱是前一天的两倍，直到满一个月。分别显示富翁给陌生人的钱和陌生人给富翁的钱为多少，程序初始界面如图 2.4.8 所示。

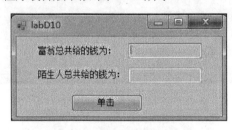

图 2.4.8　第 10 题初始界面

提示： 设富翁第一天给陌生人的钱 x0 为 0.01，第二天给出的钱是前一天的两倍。即 x0=2*x0，如此重复到 30 天，累计求得富翁给出的钱远远超过陌生人给出的 10 万×30=300 万元。

第 11 题　编程显示如图 2.4.9 所示的图案。

提示： 打印由多行组成的图案，通常采用双重循环，外层循环用于控制行数，内层循环用于输出每一行的信息。

第 12 题　计算π的近似值，π的计算公式为

$$\pi = 2 \times \frac{2^2}{1 \times 3} \times \frac{4^2}{3 \times 5} \times \frac{6^2}{5 \times 7} \cdots \times \frac{(2n)^2}{(2n-1) \times (2n+1)}$$

要求：

1）分别输出当 n=10、100、1000 时的结果。程序初始界面如图 2.4.10 所示。

2）考虑是否会存在大数相乘时结果溢出的问题，若存在溢出，则需将变量类型改为长整型或双精度型。

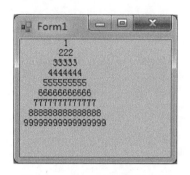

图 2.4.9　第 11 题的运行界面

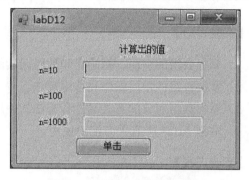

图 2.4.10　第 12 题初始界面

第 13 题　计算 $S=1+\dfrac{1}{2}+\dfrac{1}{4}+\dfrac{1}{7}+\dfrac{1}{11}+\dfrac{1}{16}+\dfrac{1}{22}+\dfrac{1}{29}+\cdots$，当第 i 项的值 $<10^{-4}$ 时结束。初始界面如图 2.4.11 所示。单击"单击"命令按钮后，进行计算，并显示第 i 项的值；第 i-1 项的值，对应的 i 的值，以及计算出的 S 的值。

提示：找出规律，第 i 项的分母是前一项的分母加 i-1。可利用 For 循环结构的循环控制变量获得项数，当某项达到规定的精度时退出循环。

第 14 题★★　使用求平方根的迭代公式来计算给定一个正数的平方根。迭代公式是 x1=1/2*（x0+a/x0），其中，a 是给定的正数，第一个 x0 是一个自定义的初值，可以取 a/2。

程序初始界面如图 2.4.12 所示。具体要求：

1）在文本框中输入要求平方根的正数。

2）单击"计算"命令按钮，在只读文本框中显示求出的平方根。要求迭代到|x1-x0|$<10^{-5}$ 为止。

图 2.4.11　第 13 题初始界面

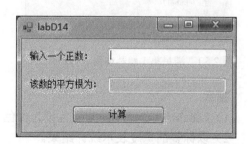

图 2.4.12　第 14 题初始界面

5 数 组

【实验目的】

1）掌握数组的声明、初始化和数组元素的引用。

2）掌握数组的常用操作和常用算法。

3）掌握数组对象的有关属性和方法的使用。

4）掌握 Array 类有关方法的使用。

【实验内容】

第 1 题　参考教材例 7.12 中成绩的输入方法，对成绩按分数段即成绩在区间[90, 100]内为 A 档，在[80~90）内为 B 档，[70~80）以内为 C 档，[60~70）以内为 D 档，[0~60）内为 E 档，统计人次数并显示统计结果。

基本要求：

将各档人次数的统计结果以数字形式显示在相应的标签中。窗体式样如图 2.5.1 所示。

提高要求：

将各档人次数的统计结果以柱形图的方式显示。窗体式样如图 2.5.2 所示。

图 2.5.1　满足第 1 题基本要求的窗体式样

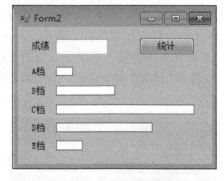

图 2.5.2　满足第 1 题提高要求的窗体式样

提示：

1）Label8~Label11 的背景色设为白色，带单线边框。

2）以标签的宽度表示统计结果。

第 2 题　随机产生闭区间[a, b]之间的 n 个随机整数（a、b 均为整数），求最大值、最小值和平均值，并显示它们的值和所有随机整数的值。窗体式样如图 2.5.3 所示。

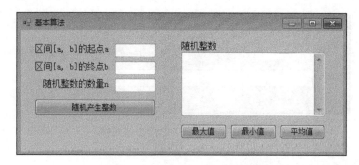

图 2.5.3　满足第 2 题的窗体式样

基本要求：

1）"随机整数"文本框可接收多行文本，并为它添加一个垂直滚动条。

2）"随机产生整数"按钮：随机产生 n 个随机整数，并存放在数组 intRandom 中，然后分行显示在"随机整数"文本框中，每行 4 个整数，每列的宽度为 8。

3）"最大值"按钮：求出 n 个随机整数中的最大值，并通过消息框输出。

4）"最小值"按钮：求出 n 个随机整数中的最小值，并通过消息框输出。

5）"平均值"按钮：求出 n 个随机整数的平均值，在保留两位小数后，通过消息框输出。

提示：

1）由于随机整数的个数是在窗体运行后输入，所以数组 intRandom 的大小应使用 ReDim 语句动态设置。

2）intRandom 数组在四个命令按钮的 Click 事件过程中均要用到，所以 intRandom 数组的声明应放在模块的声明段。

3）可使用数组对象提供的 Max、Min、Average 方法，求最大值、最小值和平均值。

提高要求：

1）a、b、n 通过文本框输入时，必须保证 a、b 是整数，n 是 4 的倍数。

2）"随机整数"文本框要求只读，不允许用户进行编辑，但可接受焦点。

3）不允许使用数组对象提供的方法（即不允许使用数组对象的 Max、Min、Average 方法）求最大值、最小值和平均值。

拓展要求：

1）在未输入 a、b、n 数据时，四个命令按钮均不可用。

2）当 a、b、n 数据均输入后，"随机产生整数"按钮可用。

3）当在"随机整数"文本框中显示所有随机整数后，"最大值"、"最小值"、"平均值"三个命令按钮才可用。

第 3 题　利用一维数组求斐波那契数列的前 n 项。窗体式样如图 2.5.4 所示。

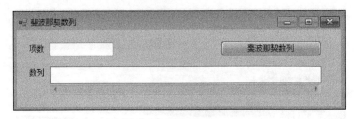

图 2.5.4 满足第 3 题的窗体式样

基本要求：

1）"项数"文本框中的文字使用红色。

2）为"数列"文本框添加一个水平滚动条（添加成功后，在设计时就应该能看到水平滚动条）。

3）"数列"文本框中字符的字体用楷体，字号用三号。

4）"数列"文本框采用单线边框。

5）求出斐波那契数列的前 n 项，将其存放在一维数组 lngFBNQ 中。

6）将斐波那契数列的前 n 项以逗号为分隔符组成一个字符串（注意：该字符串中不能包含空格），显示在"数列"文本框中。

提示：

1）在本题中，一维数组 lngFBNQ 的元素类型设为 Long。

2）由于项数是在窗体运行后输入，所以数组 lngFBNQ 的大小应动态设置。

提高要求：

1）"数列"文本框采用只读模式，不允许接受用户的编辑，但可接受焦点。

2）在"项数"文本框中输入项数 n 时，要求只接收数字字符，对其他字符做无效处理（或者说取消用户所输入的非数字字符）。

拓展要求：

1）由于本题数组 lngFBNQ 的元素类型采用 Long，要求在"项数"文本框中输入的数值大小不能超过 91；否则，会出现"算术运算导致溢出"的运行时错误。编写代码检测：当用户输入数据超过 91 时（以 Enter 键代表数据输入结束），弹出错误信息"数据过大，请重新输入！"。

2）当用户在"项数"文本框中输入数据后，如果允许用户直接将焦点移走（如直接按 Tab 键或单击其他控件）也表示数据输入的结束，编写代码完成和拓展要求 1）一样的数据检测任务。

第 4 题 成语"三山五岳"中的"五岳"指泰山、华山、衡山、恒山、嵩山，它们的高度分别为 1532.7m、2154.9m、1300.2m、2016.1m、1491.7m。要求给出最高的山和最矮的山的名称和高度。窗体式样如图 2.5.5 所示。

基本要求：

1）声明一个字符串型的一维数组 strName，并赋予初值{"泰山", "华山", "衡山", "恒山", "嵩山"}。

图 2.5.5　满足第 4 题的窗体式样

2）声明一个双精度型的一维数组 dblHeight，并赋予初值 {1532.7, 2154.9, 1300.2, 2016.1, 1491.7}。

3）"最高的山"命令按钮：在代表山高的一维数组 dblHeight 中，求出最大值所在的下标值，然后将最高山的名称和高度分别显示在"最高山的名字"文本框和"最高山的高度"文本框中。

4）"最矮的山"命令按钮：在代表山高的一维数组 dblHeight 中，求出最小值所在的下标值，然后将最矮山的名称和高度分别显示在"最矮山的名字"文本框和"最矮山的高度"文本框中。

提示：数组 dblHeight 和数组 strName 需要在多个事件过程中使用，所以应在模块的声明段中声明。

第 5 题　在给出的某篇英文文章中，统计某个英文单词的出现频率。窗体式样如图 2.5.6 所示。

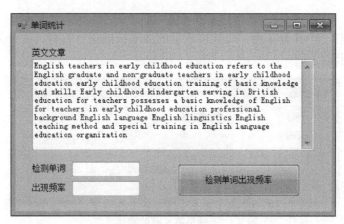

图 2.5.6　满足第 5 题的窗体式样

基本要求：在"检测单词出现频率"命令按钮中，完成以下任务：

1）为"英文文章"文本框添加垂直滚动条。

2）要求使用一维数组将"英文文章"文本框给出的文章以空格为分隔符切割成单词串存放在数组 strWords 中。

3）实现在单词的统计过程中，要求不区分英文字母的大小写。

4）在 strWords 数组中，统计在"检测单词"文本框所给单词的出现频率，并显示在"出现频率"文本框中。

提示：在窗体设计时，从网上搜索一篇英文文章，先放在记事本中，去掉所有的标点符号，再将记事本中所有文本复制到"英文文章"文本框中。

提高要求：

1）要求不管在"检测单词"文本框中输入的是小写字母还是大写字母，显示出来的一律是大写字母。

2）在"检测单词"文本框中输入的其他非字母字符一律做无效处理。

3）如果在单击"检测单词出现频率"后发现"检测单词"文本框中无输入内容，则给出错误提示"请输入待检测的单词"，并且将焦点移到"检测单词"文本框中。

拓展要求：

1）程序运行后窗体的初始位置要求在屏幕的正中央。

2）窗体的边框设为 3D 边框。

3）将窗体的透明度设为 80%后，再运行程序检测效果（提示：设置窗体的 Opacity 属性）。

4）对窗体的 FormClosing 事件编写下列代码。

```
Dim intAnswer%
intAnswer = MsgBox("走 还是 不走", MsgBoxStyle.Question Or MsgBoxStyle.
    YesNo, "我要走了")
If intAnswer = vbNo Then
    e.Cancel = True        '取消窗体的关闭操作
End If
```

第6题　设计一个计分平台，对某位歌手的演唱技能进行打分（评分为 1～10）。窗体式样如图 2.5.7 所示。

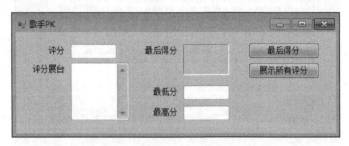

图 2.5.7　满足第 6 题的窗体式样

基本要求：

1）允许在"评分展台"文本框中显示多行，并可用垂直滚动条调整其内容的显示。

2）对"最后得分"标签的外观设置如下。

① 去掉标签自动调整大小的功能，并手工调整到合适的大小。

② 标签中的文字采用红色楷体三号字、加粗。

③ 为标签设置 3D 边框并清除标签中的默认文字。

3）评委们对歌手的打分通过"评分"文本框一个一个地输入到一维数组 intScore 数组中保存（以 Enter 键作为数据输入的结束）。

4）"最后得分"命令按钮。歌手的最后得分的计算方法是从所有评委的打分中，去掉一个最高分和一个最低分，再对剩下的评分求平均值。歌手的最后得分（保留一位小数）、最低分、最高分要分别显示在"最后得分"标签、"最低分"文本框和"最高分"文本框中。

5）"展示所有评分"命令按钮。将歌手的所有评分分行显示在"评分展台"文本框中，每行一个评分。

提高要求：

1）"最后得分"标签中的文字要求显示在标签的正中央。

2）修改基本要求 5）。在显示歌手的评分时，要求最低分和最高分不显示在"评分展台"文本框中。

3）在计算最后得分时，要保证评分的个数在三个以上；否则，给出错误提示"还应该继续输入评委的打分"。

拓展要求：

1）评分的个数限制在 10 个以内；如果超过，则给出错误提示"评分个数已满"，并在"评分"文本框中显示"已满"和让其不可用。

2）在"评分"文本框中，输入完一个评分后，要自动选择"评分"文本框中的所有文本（外观视觉就是蓝色光带自动覆盖"评分"文本框中的所有文本）。

第 7 题　随机产生 30 个大写字母，求出出现次数最多的字母及出现次数和出现次数为 0 的字母有哪些。窗体式样如图 2.58 所示。

图 2.5.8　满足第 7 题的窗体式样

基本要求：

1）"随机产生大写字母串"命令按钮。将随机产生的大写字母串显示在"随机大写字母串"文本框中。

2）"出现次数最多的字母"命令按钮。利用一维整型数组 intNum（26 个元素）统计出字母串中各字母的出现次数，再将出现次数最多的字母及该字母的出现次数分别显示在"出现次数最多的字母"文本框和"出现次数"文本框中。

3）"出现次数为 0 的字母"命令按钮。在数组 intNum 中，将出现次数为 0 的所有字母显示在"出现次数为 0 的字母"文本框中。

提高要求：如果严格按照基本要求编写的代码，按以下顺序单击"随机产生大写字母串"命令按钮、"出现次数最多的字母"命令按钮、"出现次数为 0 的字母"命令按钮，且后两个命令按钮只能单击一次，就能得到正确结果。否则，会出现"出现次数最多的字母"命令按钮重复单击后，在相应文本框中显示的结果不正确的问题，怎么解决？

拓展要求：在解决了提高要求后，还会出现在每次单击"随机产生大写字母串"命令按钮后，会产生新的大写字母串，这时，必须先单击"出现次数最多的字母"命令按钮，再单击"出现次数为 0 的字母"命令按钮，才能得到正确结果的问题，怎么解决？

第 8 题　某单位有 48 位员工，在年终评比出销售业绩的前三甲。窗体式样如图 2.5.9 所示。

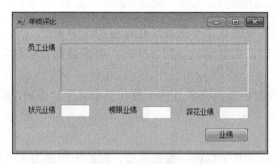

图 2.5.9　仅满足第 8 题基本要求的窗体式样

基本要求：

1）为"员工业绩"标签右边的标签 Label2 的属性做如下设置。

① 边框换成 3D 边框。

② 参照图 2.5.9 适当改变大小。

2）员工的销售业绩（使用随机函数在闭区间[300，320]内产生）存放在一维整型数组 intSale 中。

3）在窗体一出现就应当把员工的业绩分行显示在"员工业绩"标签右边的标签 Label2 中，每行显示 8 个，每列的宽度为 6。

4）"业绩"按钮命令。从所有员工的销售业绩中，挑选出前三名分别显示在相应的文本框中。

提高要求：

1）将图 2.5.9 所示的窗体改为如图 2.5.10 所示的窗体。

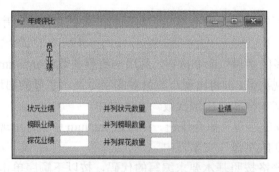

图 2.5.10　仅满足第 8 题提高要求的窗体式样

2）将"员工业绩"标签中的文字呈立式显示。

3）"业绩"命令按钮。从所有员工的销售业绩中，挑选出前三名分别显示在相应的文本框中（注意：要考虑状元、榜眼、探花的并列情形）。

拓展要求：将基本要求 2）改为员工的销售业绩（使用随机函数在闭区间[300，400]内产生）存放在双精度类型的一维数组 dblSale 中（保留一位小数）。

第 9 题　在给出的某篇英文文章中，统计最长和最短英文单词的出现频率，文章中最长单词的长度和数量，并检索出最长单词有哪些。窗体式样如图 2.5.11 所示。

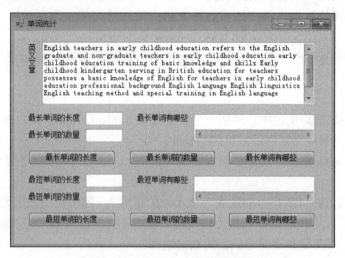

图 2.5.11　满足第 9 题的窗体式样

提高要求：

1）将"英文文章"文本框中的文字立式显示，如图 2.5.11 所示。

2）为"最长单词有哪些"文本框和"最短单词有哪些"文本框添加水平滚动条，如图 2.5.11 所示。

3）在单词统计前，要求使用一维数组将"英文文章"文本框给出的文章以空格为分隔符切割成单词串存放在一维数组 strWords 中。

4）"最长单词的长度"命令按钮。将文章中最长单词的长度显示在"最长单词的长度"文本框中。

5）"最长单词的数量"命令按钮。将文章中最长单词的数量显示在"最长单词的数量"文本框中。

6）"最长单词有哪些"命令按钮。将文章中所有的最长单词显示在"最长单词有哪些"文本框中。

提示：

1）在窗体设计时，从网上搜索一篇英文文章，先放在记事本中，去掉所有的标点符号，再将记事本中所有文本复制到"英文文章"文本框中。

2）一维数组 strWords 需要在多个事件过程中使用，所以应该在模块的声明段中声明该数组。

3）应该在模块的声明段中声明整型变量 intMaxLength，因为在多个事件过程中要用到，其意义是保存文章中最长单词的长度。

拓展要求：

1）如果某些单词之间的空格数超过一个，则单词切割后的数组 strWords 中会出现空白元素，会影响最短单词的统计任务，编写代码将数组 strWords 中空白元素去掉。

2）"最短单词的长度"命令按钮。将文章中最短单词的长度显示在"最短单词的长度"文本框中。

3）"最短单词的数量"命令按钮。将文章中最短单词的数量显示在"最短单词的数量"文本框中。

4）"最短单词有哪些"命令按钮。将文章中所有的最短单词显示在"最短单词有哪些"文本框中。

提示：

1）应该在模块的声明段中，声明一个整型变量 intMinLength，因为在多个事件过程中要用到，其意义是保存文章中最短单词的长度。

2）intMinLength 变量的初始值可设为 integer.MaxValue，其意义是整型数据中最大的那一个。

第 10 题 利用随机函数自动生成一个 4×4 的矩阵 A（随机数的范围为两位数），要求：

1）统计矩阵 A 中所有数据的最大值及最大值所在行的行号和所在列的列号。

2）分别求主对角线和次对角线上的数据之和。

注意：本题的窗体请自行设计。

6 过 程

【实验目的】

1）了解模块化程序的设计方法。
2）掌握 Function 过程的定义和使用。
3）掌握 Sub 过程的定义和使用。
4）掌握 ByVal 参数和 ByRef 参数的传递方式。

【实验内容】

第1题 求 n 以内的所有素数，并通过 TextBox 控件显示出来，每行 10 个，n 通过另一个 TextBox 控件输入。

要求：在文本框 txtN 中输入 n 的值，单击"计算"命令按钮进行计算，并在文本框 txtPrime 中显示结果，单击"结束"命令按钮程序结束运行。判断一个整数是否为素数用一个 Function 过程来实现。

程序初始界面如图 2.6.1 所示，各个控件属性的设置如表 2.6.1 所示，运行界面如图 2.6.2 所示。

图 2.6.1　第 1 题初始界面

图 2.6.2　第 1 题运行界面

表 2.6.1　第 1 题控件属性设置

序号	控件	属性	值	备注
1	Form	Name	frmExampleF_1	—
		Text	求素数	—
2	Label	Name	Label1	系统默认名
		Text	n=	—
3	TextBox	Name	txtN	用于输入 n 的值
4	TextBox	Name	txtPrime	用于显示结果
		Multiline	True	—
		ScrollBars	Both	—
		WordWrap	False	—
5	Button	Name	计算按钮	—
		Text	计算	—
6	Button	Name	结束按钮	—
		Text	结束	—

　　程序框架如下，有底纹的代码由系统自动生成，在"…"处完成相应代码，实现程序的功能。

```
Private Sub Button1_Click(sender As System.Object, e As System.
    EventArgs) Handles 计算按钮.Click
    …
End Sub
Private Function isPrime(ByVal intN As Integer) As Boolean
    '判断参数 intN 是否为素数的 Function 过程
    …
```

```
End Function
Private Sub Button2_Click(sender As System.Object, e As System.
    EventArgs) Handles 结束按钮.Click
    ...
End Sub
```

第 2 题　用公式 $\frac{\pi}{4} \approx 1 - \frac{1}{3} + \frac{1}{5} - \frac{1}{7} + \cdots$，求π的近似值。精确到$10^{-4}$，即累加直到某一项的绝对值小于$10^{-4}$为止。

要求：对公式右边各个正负项反复累加，直到某一项的绝对值小于某个精度值 Eps 为止（如 Eps 设为10^{-4}），再乘以 4 即得到π。求π用一个单独的 Function 过程实现，Eps 通过参数控制，结果通过 Label3 显示。程序设计界面如图 2.6.3 所示，各个控件属性的设置如表 2.6.2 所示。

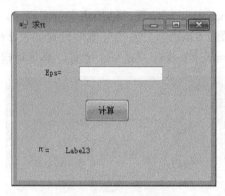

图 2.6.3　第 2 题设计界面

表 2.6.2　第 2 题控件属性设置

序号	控件	属性	值	备注
1	Form	Name	frmExampleF_2	—
		Text	求π	—
2	Label	Name	Label1	系统默认名
		Text	Eps=	—
3	Label	Name	Label2	系统默认名
		Text	π=	—
4	Label	Name	Label3	系统默认名
		Text		用于显示结果
5	TextBox	Name	TextBox1	系统默认名
		Text	—	用于输入精度 eps
6	Button	Name	Button1	系统默认名
		Text	计算	

程序框架如下，有底纹的代码由系统自动生成，在"…"处完成相应代码，实现程序的功能。

```
Private Sub Button1_Click(sender As System.Object, e As System.EventArgs)
Handles Button1.Click
    Dim eps As Double
    eps=Val(TextBox1.Text)
    Label3.Text=pi(eps)
End Sub
Private Function pi(ByVal eps As Double) As Double
    '在这里完成求π的过程
    ...
End Function
```

第 3 题 编写程序，将给定的十进制正整数转换为任意进制数（二进制数、八进制数、十六进制数）。

提示： 进制转换用 Function 过程实现，结果用字符串表示，如字符串"1011"表示数值 1011。程序初始界面如图 2.6.4 所示，各控件属性设置如表 2.6.3 所示，进制转换流程图如图 2.6.5 所示。这里，"s=r & k"操作只是一个通式，具体可自己思考。

图 2.6.4　第 3 题初始界面

表 2.6.3　第 3 题控件属性设置

序号	控件	属性	值	备注
1	Form	Name	frmExampleF_3	—
		Text	进制转换	—
2	Label	Name	Label1	系统默认名
		Text	十进制整数为:	—
3	Label	Name	Label2	系统默认名
		Text	转换为	—
4	Label	Name	Label3	系统默认名
		Text	进制数	—
5	Label	Name	Label4	系统默认名
		Text	结果为:	—

续表

序号	控件	属性	值	备注
6	Label	Name	Label5	系统默认名
		Text		用于显示结果
7	TextBox	Name	TextBox1	用于输入十进制整数的值
8	TextBox	Name	TextBox2	用于输入进制数
9	Button	Name	Button1	系统默认名
		Text	转换	—

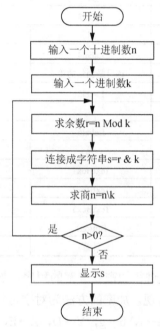

图 2.6.5　第 3 题流程

第 4 题　给定年、月、日，计算该日是该年的第几天。程序初始界面如图 2.6.6 所示，各控件属性设置如表 2.6.4 所示。

图 2.6.6　第 4 题初始界面

表 2.6.4　第 4 题控件属性设置

序号	控件	属性	值	备注
1	Form	Name	frmExampleF_4	—
		Text	计算天数	—
2	Label	Name	Label1	系统默认名
		Text	年	
3	Label	Name	Label2	系统默认名
		Text	月	
4	Label	Name	Label3	系统默认名
		Text	日	
5	Label	Name	Label4	系统默认名
		Text	该日是当年的第	
6	Label	Name	Label5	系统默认名
		Text		用于显示结果
7	Label	Name	Label6	系统默认名
		Text	天	—
8	TextBox	Name	TextBox1	用于输入年
9	TextBox	Name	TextBox2	用于输入月
10	TextBox	Name	TextBox3	用于输入日
11	Button	Name	Button1	系统默认名
		Text	计算	—

第 5 题　编写将一个字符串进行加密和解密的程序，加密和解密都用一个或多个过程（Function 过程或 Sub 过程）来实现。加密的方法为对字母加密，非字母不加密。字母向后循环移 5 位，即 A→F，B→G，a→f，b→g，Y→D，Z→E，y→d，z→e 等。程序初始界面如图 2.6.7 所示，各控件属性设置如表 2.6.5 所示。

图 2.6.7　第 5 题初始界面

表 2.6.5　第 5 题控件属性设置

序号	控件	属性	值	备注
1	Form	Name	frmExampleF_5	—
		Text	文本加解密	—
2	Label	Name	Label1	系统默认名
		Text	明文	—
3	Label	Namo	Label2	系统默认名
		Text	加密后	—
4	Label	Name	Label3	系统默认名
		Text	解密后	—
5	TextBox	Name	TextBox1	用于输入明文
6	TextBox	Name	TextBox2	用于显示加密后的文本
7	TextBox	Name	TextBox3	用于显示解密后的文本
8	Button	Name	Button1	系统默认名
		Text	加密	—
9	Button	Name	Button2	系统默认名
		Text	解密	—

第 6 题★　验证哥德巴赫猜想，即任意一个偶数（从 6 开始）能够表示为两个素数之和。现在输入一个上限，验证在这上限以内的偶数中有没有不能表示为两个素数之和的，能表示的在左边的文本框中表示出来，如有不能表示的，则将此偶数显示在右边文本框中。全都能表示为两个素数之和时，用消息框显示"哥德巴赫猜想正确！"。程序初始界面如图 2.6.8 所示，运行界面如图 2.6.9 所示，各控件属性设置如表 2.6.6 所示。

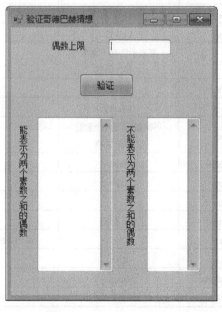

图 2.6.8　第 6 题初始界面

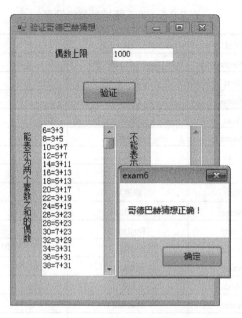

图 2.6.9　第 6 题运行界面

表 2.6.6　第 6 题控件属性设置

序号	控件	属性	值	备注
1	Form	Name	frmExampleF_6	—
		Text	验证哥德巴赫猜想	—
2	Label	Name	Label1	系统默认名
		Text	偶数上限	—
3	Label	Name	Label2	系统默认名
		Text	能表示为两个素数之和的偶数	—
		AutoSize	False	—
4	Label	Name	Label3	系统默认名
		Text	不能表示为两个素数之和的偶数	—
		AutoSize	False	—
5	TextBox	Name	TextBox1	用于输入明文
		Text	—	用于输入偶数上限
6	TextBox	Name	TextBox2	用于显示加密后的文本
		Text	—	用于显示能表示为两个素数之和的偶数
		Multiline	True	—
		ScrollBars	Vertical	—
		WordWrap	True	—

续表

序号	控件	属性	值	备注
7	TextBox	Name	TextBox3	用于显示解密后的文本
		Text	—	用于显示不能表示为两个素数之和的偶数
		Multiline	True	—
		ScrollBars	Vertical	—
		WordWrap	True	—
8	Button	Name	Button1	系统默认名
		Text	验证	

可参照下面的程序框架编程，有底纹的代码由系统自动生成，在"…"处完成相应代码，实现程序的功能。

```
Private Sub Button1_Click(sender As System.Object, e As System.EventArgs)
    Handles Button1.Click
    Dim maxvalue As Integer
    maxvalue = Val(TextBox1.Text)
    Call test(maxvalue)
End Sub
Private Function isPrime(ByVal intN As Integer) As Boolean
    '判断参数 intN 否是素数的 Function 过程
    …
End Function
Private Sub test(ByVal maxeven As Integer)
    …
End Sub
```

第 7 题★ 数组中两部分数据的交换。单击"产生原始数据"按钮，则用随机函数产生 20 个 100 以内的整数放在一个一维数组中，然后输入一个数 n，单击"交换"按钮，则将这 20 个数中前面 20–n 个数和后面的 n 个数交换。程序运行界面如图 2.6.10 所示，控件属性设置如表 2.6.7 所示。

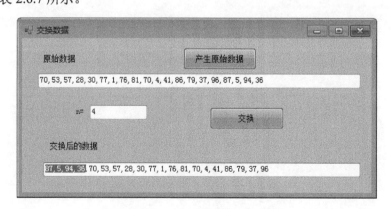

图 2.6.10 第 7 题程序运行界面

表 2.6.7　第 7 题控件属性设置

序号	控件	属性	值	备注
1	Form	Name	frmExampleF_7	—
		Text	交换数据	—
2	Label	Name	Label1	系统默认名
		Text	原始数据	—
3	Label	Name	Label2	系统默认名
		Text	n=	—
4	Label	Name	Label3	系统默认名
		Text	交换后的数据	—
5	TextBox	Name	TextBox1	用于显示原始数据
6	TextBox	Name	TextBox2	用于输入 n
7	TextBox	Name	TextBox3	用于显示交换后的数据
8	Button	Name	Button1	系统默认名
		Text	产生原始数据	—
9	Button	Name	Button2	系统默认名
		Text	交换	—

7 用户界面设计

【实验目的】

1）掌握常用控件的使用。
2）综合应用所学的知识，编写具有可视化界面的应用程序。

【实验内容】

第1题 在窗体中有两个标题分别为"性别"和"身份"的分组控件："性别"分组控件中有两个标题分别为"男"和"女"的单选按钮，"身份"分组控件中有两个标题分别为"学生"和"老师"的单选按钮。单击"确定"命令按钮后，根据用户选择的性别和身份，在文本框中显示"男学生"、"女学生"、"男老师"或"女老师"。程序运行界面如图 2.7.1 所示。

第2题 在窗体中有四个标题分别为"电脑"、"电视机"、"手机"和"打印机"的复选框。用户选择所需购买的商品后，单击"确定"命令按钮，则将在文本框中显示用户准备购买的商品。程序运行界面如图 2.7.2 所示。

图 2.7.1　第 1 题的运行界面

图 2.7.2　第 2 题的运行界面

第3题 在窗体中有一个垂直滚动条、一个初始内容为空的文本框和一个标题为"移动"的命令按钮。在文本框中输入一个整数，单击"移动"按钮后，如果输入的是正数，滚动条中的滑块向下移动与该数相符的刻度，但如果超过了滚动条的最大刻度，则不移动，并且在消息框中显示"输入的数值太大"；如果输入的是负数，滚动条中的滑块向上移动与该数相等的刻度，但如果超过了滚动条的最小刻度，则不移动，并且在消息框中显示"输入的数值太小"。程序初始界面如图 2.7.3 所示。

第4题 在窗体中有一个文本框和一个水平滚动条。将文本框的 Text 属性设置为"人民"；将水平滚动条的 Minimum 属性设置为 10，Maximum 属性设置为 50，LargeChange 属性设置为 5，SmallChange 属性设置为 2。编写适当的事件过程，使程序运行后，若移动滚动条上的滑块，则可将文本框中的"人民"二字的字号设置为滚动条的 Value 属性值大小。程序运行效果如图 2.7.4 所示。

提示：

1）编写滚动条的 Scroll 事件过程来实现题目所要求的功能。

2）设置文本的字体格式的语法格式是

　　　对象名.Font = New Font("字体", 字号, 字形)

其中，第三个参数可以省略。

图 2.7.3　第 3 题的程序初始界面　　　　图 2.7.4　第 4 题的运行界面

第 5 题　在窗体上放置三个组合框，初始内容为空，DropDownStyle 属性值分别为 Simple、DropDown、DropDownList；有一个标题为"添加"的命令按钮。程序运行后，如果单击"添加"命令按钮，会将给定数组中的项目添加到三个组合框中，如图 2.7.5 所示。观察这三个组合框的不同点。

第 6 题　求二阶 Fibonacci 数列第 n 项的值。在窗体中有标题分别为"5"、"10"、"15"和"20"的四个单选按钮，用户选中某个单选按钮后，在文本框中就会显示与单选按钮标题对应的 Fibonacci 数列第 n 项的值。程序运行如图 2.7.6 所示。

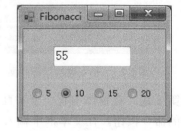

图 2.7.5　第 5 题的程序界面　　　　图 2.7.6　第 6 题的运行界面

提示：

1）二阶 Fibonacci 数列的第 1 项为 1，第 2 项为 1，以后每一项都是其前两项的和。

2）为每个单选按钮编写 CheckedChanged 事件过程。

第 7 题　在窗体中有一个图片框和两个标题分别为"放大"和"缩小"的命令按钮。为图片框加载一幅图像，单击"放大"按钮，则图片框变大；单击"缩小"按钮，则图片框变小。程序运行界面如图 2.7.7 所示。

第 8 题★ 编写程序计算 1+2+3+…+1000000 的值。设计一个进度条，用来指示计算进度。程序运行界面如图 2.7.8 所示。

提示： 表达式 1+2+3+…+1000000 的值超出了整型数的表示范围，在程序中存放求和值的变量应定义为长整型。

图 2.7.7　第 7 题的运行界面

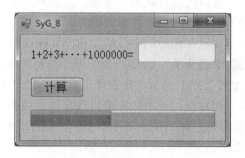

图 2.7.8　第 8 题的程序运行界面

第 9 题 编写一个选课程序，程序界面如图 2.7.9 所示。窗体左边的列表框列出了可供学生选修的课程，单击 ">" 命令按钮，表示可以将左列表框中的指定选项移动到右边列表框；单击 ">>" 命令按钮，可以将左列表框中所有选项移动到右列表框中；单击 "<" 命令按钮，可以将右列表框中的指定选项移动到左列表框中；单击 "<<" 命令按钮，可以将右列表框中所有选项移动到左列表框中。

第 10 题 有一个填写个人简历的窗体，通过文本框输入姓名和年龄，通过单选按钮输入性别、学历和职业，通过复选框输入爱好。单击 "递交" 按钮，则在列表框中显示此人的全部信息；单击 "重置" 按钮，则清空上次的选择，等待用户重新输入。程序运行界面如图 2.7.10 所示。

图 2.7.9　第 9 题的程序界面

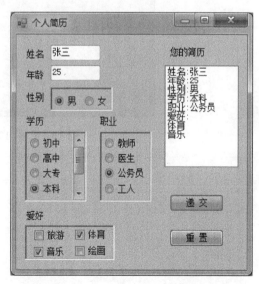

图 2.7.10　第 10 题的运行界面

第 11 题　仿照教材例 9.15，编写一个照片浏览器程序。将自己、家人、朋友的照片放到指定的文件夹下，通过窗体上的一个图片框来实现图片的浏览。具体功能包括：

1）可以显示当前显示照片的上一张或下一张。

2）可以显示用户指定的照片。

3）可以向照片队列中增加一张图片（放在照片队列的末尾）。

4）可以删除当前显示的照片。

5）实现在图片框中按顺序自动切换照片。

第 12 题★★　编写一个信号灯控制汽车移动的程序。

如图 2.7.11 所示，在窗体上有三个代表"绿灯"、"黄灯"和"红灯"的图片框，一个"汽车"图片框，一个代表路口汽车停止线的标签。

信号灯在路口的上方不断变换，绿灯亮的时间为 3s，黄灯亮的时间为 1s，红灯亮的时间为 2s。

汽车自右向左移动，当整个汽车移出窗体后，再重新从窗体右侧进入窗体。汽车经过路口时，如果是绿灯亮，则通过路口；如果是红灯或黄灯亮，则停下或等待。

提示：

1）用 Word、画图、PS 等工具绘制三个信号灯图片，分别加载至三个图片框。

2）通过把信号灯图片框的 Visible 属性设置为 True 或 False 来点亮或熄灭信号灯。

3）设置两个计时器，一个用于信号灯的变换，另一个用于控制汽车的移动。

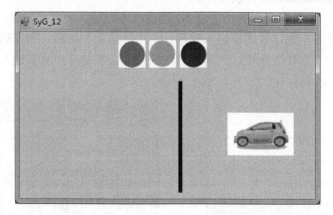

图 2.7.11　第 12 题的程序界面

8 VB.NET 绘图

【实验目的】

1）了解 VB.NET 绘图的.NET 架构中的 GDI+类库。
2）掌握 VB.NET 绘图的常用工具。
3）掌握 VB.NET 绘图的基本步骤。
4）掌握 VB.NET 绘图中 Graphics 类的常用的绘图方法。

【实验内容】

第 1 题 编写一个模拟屏保的程序，当程序运行时在窗体上显示一条封闭的曲线，曲线的性状和颜色不断变化，假设封闭曲线是由四个点所构成的。

要求：因为曲线由四个点构成，故可定义一个 Point 数组，四个点的坐标值都由随机函数产生。为了封闭曲线变动时看起来连续，每次只改变一个顶点的坐标值，图形的变动由定时器控制，故需要有一个定时器。各个控件的属性值如表 2.8.1 所示。

表 2.8.1 第 1 题控件属性设置

序号	控件	属性	值	备注
1	Form	Name	frmExampleH_1	—
		Text	模拟屏保	—
2	Timer	Name	Timer1	系统默认名
		Enabled	True	—
		Interval	200	—

完整程序如下（阴影部分为软件已提供的代码）：

```
Public Class frmExampleH_1
    Dim g As Graphics                          '定义一个绘图对象
    Dim p As New Pen(Color.Red, 2)             '定义一支笔
    Dim ds(3) As Point                         '定义一个顶点数组
    Private Sub Timer1_Tick(sender As System.Object, e As System.EventArgs)
            Handles Timer1.Tick
        g.Clear(Color.White)
        p.Color = Color.FromArgb(Int(Rnd() * 256), Int(Rnd() * 256),
        Int(Rnd() * 256))
        g.DrawClosedCurve(p, ds)
        ds(0) = ds(1)
        ds(1) = ds(2)
```

```
        ds(2) = ds(3)
        ds(3).X = Int(Rnd() * Me.Width)
        ds(3).Y = Int(Rnd() * Me.Height)
    End Sub
    Private Sub Form1_Load(sender As Object, e As System.EventArgs)
        Handles Me.Load
        Dim i As Integer
        Me.Width = 500
        Me.Height = 500
        g = Me.CreateGraphics()          '将绘图对象关联到窗体画布
        Randomize()
        For i = 0 To 3
            ds(i).X = Int(Rnd() * Me.Width)
            ds(i).Y = Int(Rnd() * Me.Height)
        Next
        g.Clear(Color.White)
    End Sub
End Class
```

第 2 题 试编程绘制如图 2.8.1 所示的腰子图案。在窗体上单击时显示图形。

提示：图 2.8.1 所示是一个腰子图案，它是由一系列的圆组合而成的，这些圆的圆心在一个半径为 R 的圆周上，且半径为圆心的 x 坐标的绝对值，如图 2.8.2 所示。实线圆的圆心在虚线圆的圆周上，每隔一定角度（两相邻实线圆圆心与虚线圆圆心的连线夹角，如 10°）画一个实线圆。虚线圆和坐标轴在腰子图案中不画。因为画布的物理坐标系和我们的逻辑坐标系不同，故要进行坐标变换。

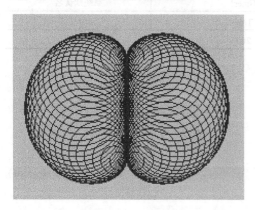

图 2.8.1 腰子图案

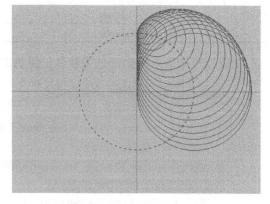

图 2.8.2 第 2 题解释示意图

第 3 题 仿照第 2 题画一个心脏的图案，如图 2.8.3 所示。

提示：如图 2.8.4 所示，实线圆的圆心在虚线圆的圆周上，实线圆的半径为虚线圆的圆心到逻辑坐标原点的距离。每隔一定角度（两相邻实线圆圆心与虚线圆圆心的连线夹角，如 10°）画一个实线圆。虚线圆和坐标轴在心脏图案中不画。因为画布的物理坐标系和逻辑坐标系不同，故要进行坐标变换。

图 2.8.3　心脏图案

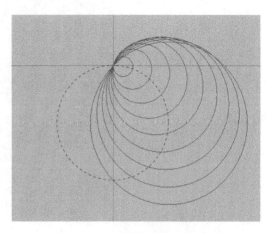

图 2.8.4　第 3 题解释示意图

第 4 题　试编程绘制图 2.8.5 所示图案。

提示： 图 2.8.5 所示图案是由一个正六边形逆时针旋转一定次数得到的。每次旋转一定角度α，并同时按一定比例缩小，如图 2.8.6 所示。设旋转角度为α，则小正六边形外接圆的半径 r 和大正六边形外接圆的半径 R 的关系为 r=sin(60°)/sin(120° -α)*R。

每画一个正六边形需计算六个点的坐标，然后用画多边形方法来实现。

图 2.8.5　第 4 题图案

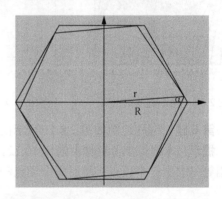

图 2.8.6　第 4 题解释示意图

第 5 题★　试编程绘制图 2.8.7 所示图案。

提示： 图 2.8.7 所示图案是由 4 行 4 列共 16 个如图 2.8.8 所示的基本图案组成。基本图案的绘制方法参照第 4 题，但本题是一个正四边形，既有顺时针旋转的，也有逆时针旋转的，如图 2.8.9 和图 2.8.10 所示。图案上、下、左、右四个方向的四个图形的旋转方向和此基本图案的旋转方向相反。基本图案中的内外两个相邻正四边形的外接圆的半径关系为 r=sin(45°)/sin(135°-α)*R。

相邻两个基本图形的中心相距 $\sqrt{2}R$，R 为基本图形最大正四边形的外接圆半径。

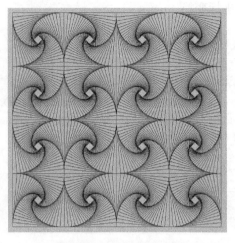

图 2.8.7　第 5 题图案

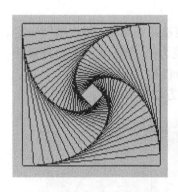

图 2.8.8　第 5 题基本图案

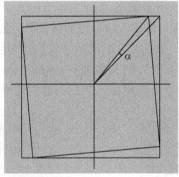

图 2.8.9　逆时针旋转α

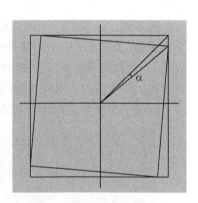

图 2.8.10　顺时针旋转α

第 6 题　编程绘制如图 2.8.11 所示的五角星。

提示：本题可参考教材中的例 10.12。在一个圆的圆周上等距离（两个顶点与圆心的夹角相等）求出 5 个顶点，然后每个顶点和其不相邻顶点相连即可。

图 2.8.11　第 6 题图形

第7题　编程绘制如图 2.8.12 所示的阿基米德螺旋线。极坐标方程为 $\rho=a\phi$。设 a=20，ϕ 在 0～4π 之间，在窗体的 Click 事件中实现。

图 2.8.12　0～4π 之间的阿基米德螺旋线

提示： 极坐标系可转换为直角坐标系，方法为 $x=\rho*\cos(\phi)$，$y=\rho*\sin(\phi)$。

一条曲线可由 n 段折线表示，当 n→∞ 时就是曲线。

第 8 题★　参照第 7 题，编程绘制如图 2.8.13 所示的四叶玫瑰图案。公式为 $\rho=a*\sin(k\phi)$，k=2，ϕ 的值在 0～2π 之间。

提示： 四叶玫瑰图案是由一些根据不同 a 值的四叶基本图组成的，图 2.8.14 是 a=50 的基本四叶图。

图 2.8.13　四叶玫瑰图

图 2.8.14　a=50 的四叶图

极坐标系可转换为直角坐标系，方法为 $x=\rho*\cos(\phi)$，$y=\rho*\sin(\phi)$。

9 文 件

【实验目的】

1）掌握文件的有关概念。

2）了解在 VB.NET 中处理文件的几种方法。

3）了解如何使用 VB.NET 的 Runtime 库处理文件。

4）掌握文本文件的几种常用结构。

5）掌握在 VB.NET 中如何使用 FileIO 模型处理文本文件。

【实验内容】

第 1 题 本题练习如何使用 VB.NET Runtime 库 FileSystem 模块中 FileOpen、Write、Input、Close 等 VB 过程读写顺序文本文件。

要求：

1）参照图 2.9.1，设计窗体。

2）"创建"命令按钮的功能是将随机生成的 10 个 100 以内的整数写入（使用 Write）到"SyI_1.txt"文本文件中。

3）"读取"命令按钮的功能是从文本文件"SyI_1.txt"中读取（使用 Input）所有数据，并以每行显示 1 个的整数方式，显示在"数据显示区"文本框中。

图 2.9.1　第 1 题的窗体式样

第 2 题 本题利用 FileIO 模型，从段落式结构文本文件中读取数据。

要求：

1）利用记事本，创建一个文本文件 D:\SyI_2.txt（要键入几行文本）。

2）参照图 2.9.2，创建窗体。

3）在窗体的 Load 事件中编写代码，完成将"文本内容"文本框的 WordWrap 属性值赋给"自动换行"复选框的 Checked 属性中。思考其意义。

4）"自动换行"复选框的功能。通过是否选中"自动换行"复选框来控制"文本内容"

文本框是否自动换行。

　　5）"一次性读取"命令按钮的功能。使用 FileSystem 对象的 ReadAllText 方法读取文本文件的所有字符，并在"文本内容"文本框中显示。

　　6）"逐行读取"命令按钮的功能。使用文本结构分析器的 ReadLine 方法逐行读取文本文件的内容，并在"文本内容"文本框中显示。

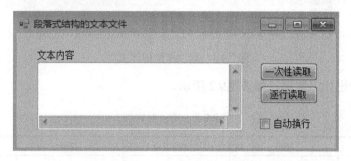

图 2.9.2　第 2 题的窗体式样

第 3 题　给出如下数据如表 2.9.1 所示。

表 2.9.1　第 3 题数据

姓名	学号	计算机	英语	数学
李红云	201001001	83	76	69
王小刚	201001002	95	87	91
赵斌	201002001	63	69	58
张秋燕	201002002	78	61	82

本题练习利用 FileIO 模型，从固定宽度结构的文本文件 SyI_3.txt 中读取数据。

要求：

1）利用记事本，创建一个文本文件 D:\SyI_3.txt，键入上述文本，键入时有

① 第一行为注释行，注释标记为英文的单引号。

② 姓名、学号、计算机、英语、数学的宽度分别为 5、11、8、8、8。

2）参照图 2.9.3，设计窗体。

3）在模块声明段，声明如下数组。

```
Dim strName As String()
Dim strNumber As String()
Dim intComputer As Integer()
Dim intEnglish As Integer()
Dim intMath As Integer()
```

4）"读取"命令按钮的功能。按照文本文件的固定宽度结构逐行读取各个字段的内容，分别送到相应数组中。

5）"显示"命令按钮的功能。将数组 strName、strNumber、intComputer、intEnglish 和 intMath 中的数据，按照各自的宽度，一人一行地显示在文本框中。

图 2.9.3 第 3 题的窗体式样

第 4 题 给出如下数据，如表 2.9.2 所示。

表 2.9.2 第 4 题数据

姓名	学号	计算机	英语	数学
李红	201001001	83	76	69
王小刚	201001002	95	87	91
赵斌	201002001	63	69	58
张秋燕	201002002	78	61	82

本题练习利用 FileIO 模型，从符号分隔结构的文本文件 SyI_4.txt 中读取数据。

要求：

1）利用记事本，创建一个文本文件 D:\SyI_4.txt，键入上述文本，键入时有：①第一行为注释行，注释标记为 Rem（在文本文件中，Rem 后要加一个空格）。②姓名、学号、计算机、英语、数学之间用英文的逗号。

注意：每列的宽度可以不一致。

2）参照图 2.9.3 设计窗体（窗体的标题为"符号分隔结构的文本文件"）。

3）在模块声明段，声明如下数组。

```
Dim strName As String()
Dim strNumber As String()
Dim intComputer As Integer()
Dim intEnglish As Integer()
Dim intMath As Integer()
```

4）"读取"命令按钮的功能。按照文本文件的符号分隔结构，逐行读取各个字段的内容，并分别送到相应数组中。

5）"显示"命令按钮的功能。将数组 strName、strNumber、intComputer、intEnglish 和 intMath 中的数据，按照符号分隔结构，一人一行地显示在文本框中。

第 5 题 给出如下数据。

"李红", "201001001", 83, 76, 69。

"王小刚", "201001002", 95, 87, 91。

"赵斌", "201002001", 63, 69, 58。

"张秋燕", "201002002", 78, 61, 82。

本题练习利用 FileIO 模型,从符号分隔且带引号结构的文本文件 SyI_5.txt 中读取数据。

要求:

1)利用记事本,创建一个文本文件 D:\SyI_5.txt,键入上述文本,键入时有

① 引号、逗号均为英文符号。

② 每列的宽度可以不一致。

2)参照图 2.9.3 设计窗体(窗体的标题为"符号分隔带引号结构的文本文件")。

3)在模块声明段,声明如下数组。

```
Dim strName As String()
Dim strNumber As String()
Dim intComputer As Integer()
Dim intEnglish As Integer()
Dim intMath As Integer()
```

4)"读取"命令按钮的功能。按照文本文件的符号分隔带引号结构,逐行读取各个字段的内容,并分别送到相应数组中。

5)"显示"命令按钮的功能。将数组 strName、strNumber、intComputer、intEnglish 和 intMath 中的数据,按照符号分隔结构,一人一行地显示在文本框中。

附录 测试题参考答案

第1章 信息时代与计算机

一、单选题

1. D
2. C
3. D
4. C
5. D

二、填空题

1. 计算思维
2. 摩尔定律、吉尔德定律、麦特卡尔夫定律
3. 资源
4. 计算机功能成倍增长，而价格随之减半
5. 宇宙信息、地球自然信息和人类社会信息

三、简答题

1. 第一次信息技术革命是语言的使用，距今 35000～50000 年前出现了语言，语言成为人类进行思想交流和信息传播不可缺少的工具。

第二次信息技术革命是文字的创造，大约在公元前 3500 年出现了文字。文字的出现，使人类对信息的保存和传播取得重大突破，较大地超越了时间和地域的局限。

第三次信息技术革命是印刷术的发明和使用，大约在公元 1040 年，我国开始使用活字印刷术，欧洲人则在 1451 年开始使用印刷术。印刷术的发明和使用，使书籍、报刊成为重要的信息存储和传播的媒体。

第四次信息技术革命是电报、电话、广播和电视的发明和普及应用，使人类进入利用电磁波传播信息的时代。

第五次信息技术革命是电子计算机的普及应用、计算机与现代通信技术的有机结合及网络的出现。

2. 信息意识：即人的信息敏感程度，是人们对自然界和社会的各种现象、行为、理论观点等，从信息角度的理解、感受和评价。通俗地讲，面对不懂的东西，能积极主动地去寻找答案，并知道到哪里，用什么方法去寻求答案，这就是信息意识。

信息知识：既是信息科学技术的理论基础，又是学习信息技术的基本要求。通过掌握信息技术的知识，才能更好地理解与应用它。它不仅体现着人们所具有的信息知识的丰富程度，而且还制约着人们对信息知识的进一步掌握。

信息能力：包括信息系统的基本操作能力，信息的采集、传输、加工处理和应用的能力，以及对信息系统与信息进行评价的能力等。这也是信息时代重要的生存能力。

信息道德：培养学生具有正确的信息伦理道德修养，要让学生学会对媒体信息进行判断和选择，自觉地选择对学习、生活有用的内容，自觉抵制不健康的内容，不组织和参与非法活动，不利用计算机网络从事危害他人信息系统和网络安全、侵犯他人合法权益的活动。

3．第一定律：摩尔定律，其内容是微处理器的速度每 18 个月翻一番。这个定律的核心思想是计算机功能成倍增长，而价格随之减半。

第二定律：吉尔德定律，即在未来 25 年，主干网的带宽每 6 个月增加 1 倍，其样长速度是摩尔定律预测的 CPU 增长速度的 3 倍。这说明通信费用的发展趋势将呈现"渐进下降曲线"的规律。其价格点将无限趋近于零。

根据吉尔德的观点，随着科技的不断发展，一些原本价格高昂的技术和产品会变得越来越便宜，直至完全免费，并且由于价格的下降，这些技术和产品将会变得无处不在，充分利用这些技术和产品可以为人们带来更为可观的效益。

第三定律：麦特卡尔夫定律，即网络的价值同网络用户数量的平方成正比，也就是说，N 个连接创造出 N×N 的效益。该定律的提出者麦特卡尔夫是以太网协议技术的发明者和 3COM 公司的奠基人。该定律的核心寓意就是互联网时代的来临。

4．1）通过约简、嵌入、转化和仿真等方法，把一个看来困难的问题重新阐释成一个对已知问题怎样解决的思维方法。

2）一种递归思维，一种并行处理，一种既能把代码译成数据又能把数据译成代码的多维分析推广的类型检查方法。

3）一种采用抽象和分解来控制庞杂的任务，或进行巨大复杂系统设计的方法，是基于关注点分离的方法（SoC 方法）。

4）一种选择合适的方式去陈述一个问题，或对一个问题的相关方面建模使其易于处理的思维方法。

5）按照预防、保护及通过冗余、容错、纠错的方式，从最坏情况进行系统恢复的一种思维方法。

6）利用启发式推理寻求解答，即在不确定情况下的规划、学习和调度的思维方法。

7）利用海量数据来加快计算，在时间和空间之间及处理能力和存储容量之间进行折中的思维方法。

5．1）高性能计算：无所不能的计算。

2）普适计算：无所不在的计算。

3）服务计算与云计算：万事皆服务的计算。

4）智能计算：越来越聪明的计算。

5）大数据：无处不在的数据思维。

6）未来互联网与智慧地球：无处不在的互联网思维。

第2章　计算机系统概述

一、单选题

1. D

【解析】计算机系统是由硬件系统和软件系统两大部分构成的。软件又包括系统软件和应用软件两大类。

2. A

【解析】存储程序原理要求事先编好程序并存放在存储器中。

3. A

【解析】指令系统是指一台计算机的所有指令的集合。

4. B

5. C

6. B

7. D

8. C

9. A

10. B

【解析】计算机的内存比外存速度快，但价格高，通常容量小于外存储器的容量。

11. B

12. D

【解析】CPU 不能直接访问外存。

13. B

14. B

15. C

16. D

17. D

18. C

19. B

20. C

21. A

22. B

二、填空题

1. 8，1024

2. 运算器，控制器，存储器，输入设备

3. 总线

4. 应用软件

5. 语言处理程序

6. 域名系统

7. 教育，cn，中国

第3章　计算机问题求解概述

一、单选题

1. C

【解析】算法可以是0个或多个输入。

2. D

3. A

4. A

【解析】算法与语言无关。

5. D

【解析】正数的原码、反码与补码相同。

6. C

【解析】可转换成同进制的值进行比较。

7. C

【解析】高级语言独立于计算机硬件。

8. A

【解析】二进制数由1与0两个数码构成，不是两位数。

9. B

10. B

二、填空题

1. 前者各字节的最高位二进制值各为1，而后者为0

2. 255

3. 操作码，操作数

4. 250

5. 1100101

6. 10011011110.0111

7. 二进制

8. 机器语言

9. 翻译

10. 补码

三、简答题

1. 位是度量信息的最小单位，表示一位二进制信息。字节是信息存储中最常用的基本单位。字通常由若干个字节组成（通常是字节的整数倍），是计算机进行数据存储和数据处理的信息单位。

2. 指令是规定计算机执行一种操作的一组用二进制数表示的符号；操作码表示基本操作；操作数表示操作的对象。

3. 用高级语言编写程序，程序简洁、易修改，且具有通用性，编程效率高；但高级语言需要编译或解释才能执行。

用机器语言编写程序，难学、难记，且容易出错和难于修改还依赖于机器，但机器语言可直接在机器上执行。

4. 因为原码与反码对于 0 表示不唯一，给运算带来相对的复杂性，引入补码，0 表示唯一，且补码可以用加法来代替减法。

5. 1）准确、完整地理解和描述问题。

2）设计算法。

3）算法表示（流程图、伪代码）。

4）编写程序。

5）测试验证运行结果。

6. 算法是对问题求解方法的具体步骤，算法必须满足的 5 个条件：

1）确定性：一个算法中的任何步骤都必须意义明确，不允许有二义性。

2）可行性：所有的算法都必须能够在计算机上执行。

3）输入：0 或者多个输入。

4）输出：1 个或多个输出。

5）有穷性/有限性：一个算法必须在有限步骤后结束，而不能无限制地进行下去。

7. 二进制转化为十进制：将二进制数的每一位乘上对应的权值，然后累加。

十进制转化为二进制（整数）：除以 2 逆序取余。

十进制转化为二进制（小数）：乘以 2 顺序取整。

二进制转化为八进制：整数部分从低位向高位方向每 3 位用一个等值的八进制数替换，最后不足 3 位时在高位补 0 凑满 3 位。

小数部分从高位向低位方向每 3 位用一个等值的八进制数来替换，最后不足 3 位时，在低位补 0 凑满 3 位。

八进制转化为二进制：把每个八进制数字改写成等值 3 位的二进制数，保持高、低位的次序不变。

8. 联系：程序的核心是算法，程序是算法的具体实现。

区别：解决问题的方法与步骤就是算法，采用某种程序设计语言对问题的对象和解题步骤进行的描述就是程序。

9. 无符号的整数：直接将整数转换成二进制数。

有符号的整数则数的正号和负号也要用 0 和 1 进行编码。机器数的编码方式很多，常用的编码方式有原码、反码和补码。

第4章　应用程序设计入门

一、单选题

1. A

【解析】VB.NET 除了能开发 Windows 应用程序之外，还可以开发控制台应用程序、WPF 应用程序等多种类型的应用程序。

2. B

【解析】对象的三要素为属性、方法和事件。

3. A

【解析】Visual Studio 2010 是一个集成开发环境，支持多种编程语言进行程序设计开发。

4. A

【解析】在工具箱中的控件是控件类，在窗体上的控件是控件对象。

5. A

【解析】属性用于描述对象的特征。

6. C

【解析】方法是对象本身所具有的一段程序，用于完成对象所具有的一些功能。

7. D

【解析】事件是外界施加于对象上并能被对象识别的动作。

8. C

【解析】通过赋值语句来修改对象属性值的格式为*对象名.属性名=属性值*。

9. B

【解析】Show 是一个显示控件的方法。

10. A

【解析】VB.NET 采用的运行机制是事件驱动。

11. B

12. B

13. A

【解析】标识符必须以字母、汉字、下画线 "_" 开头，由字母、汉字、数字或下画线组成，不能是其他字符或空格，不能使用 VB.NET 中的关键字。

14. B

【解析】任何对象都必须有名称，用于在程序中唯一地标示该对象。

15. C

【解析】Name 为只读属性。

16. D
17. B
18. D
19. C
20. B
21. A
22. D
23. D

【解析】在文本框的 KeyPress 事件过程的参数 e 中，记录了用户的具体按键字符。

24. C

【解析】TextChanged 事件在文本框的内容（文本）发生变化时发生。

25. A

【解析】将 Enabled 属性值设置为 False 时，命令按钮以淡色显示，表示操作无效。

26. C
27. B

【解析】用户不能通过标签控件输入或编辑信息。

二、填空题

1. 属性，方法，事件
2. 属性
3. F7，F5
4. 窗体
5. GotFocus，LostFocus
6. SelectedText
7. MultiLine
8. Clear，AppendText
9. Image
10. Click

第 5 章　VB.NET 语言基础

一、单选题

1. D

【解析】D 选项中定义字符串常量 Str1，需要用双引号（""）将字符串引起。

2. D

【解析】每个变量的取值分析如下：

变量 intX 为整型，故值取整，并进行四舍五入，为 12346；

变量 sglY 为单精度型，最大可表示 7 位有效数字，并进行四舍五入，为 12345.68；

变量 dblZ 为双精度型，最大可表示 15 位有效数字，故为 12345.6789。

3. C

【解析】变量 chrX 为字符型，故执行 chrX = "abc"时，将字符 a 赋给变量 chrX。

4. C

【解析】

变量 blnX 为布尔类型，故将-1 转换为布尔值 True 赋值给变量 blnX。

变量 intX 为整型，故将布尔值 True 转换为整型-1 赋值给变量 intX。

5. A

【解析】选项 B 以数字开头，选项 C 是关键字，选项 D 使用了"-"，故这几项错误。

6. B

【解析】字符串常数需要以双引号（""）引起来。

7. A

8. B

【解析】按照算术运算的优先级的次序来进行计算。

9. B

10. C

11. D

12. B

【解析】Rnd( )函数生成的值位于区间[0，1]之间。

13. C

【解析】执行步骤如下。

先执行括号内的运算：198.555*100+0.5=19855.5+0.5=19856。

然后执行 Int 函数取整：Int(19856)=19856。

最后执行除运算：19856/100=198.56。

14. B

15. A

【解析】每个汉字、字母、数值字符均算作一个字符。

16. D

【解析】Mid("123456",3,2)执行后，为字符串"34"，然后执行 123+"34"，此时执行算术加运算，将字符串"34"转换为数值 34，进行加，结果为 157。

17. A

18. C

19. A

20. C

21. A

22．B

【解析】

表达式 1："235" > "59" 进行字符串大小比较，对每个字符的 ASCII 码进行比较。因数值字符 2 的 ASCII 码<数值字符 5 的 ASCII 码，故结果为 False。

表达式 2：Not TRUE And FALSE 首先执行 Not TRUE，结果为 False，然后执行 FALSE And FALSE，结果为 False。

23．B

【解析】按照算术运算的优先级的次序来进行计算。其中，Int(-9.2)用于取小于等于-9.2 的最大的整数，故结果为-10。

24．A

【解析】本题中含有关系运算符和逻辑运算符，先执行关系运算符，再执行逻辑运算赋。关系运算符内部无优先级排列，故按从左至右原则。逻辑运算符的优先级是 Not>And>Or，故本题执行逻辑运算时，先执行 And 运算，再执行 Or 运算。

25．C

26．D

【解析】推导过程：[1，100)↔1+[0，99) ↔1+99*[0，1)。故 x=Int(1+99*Rnd( ))=1=Int(99*Rnd( ))。

27．D

【解析】表达式 Strings.InStr(4, "abcdefabcdefab", "ab")从字符串"abcdefabcdefab"的第四个字符开始查找这之后第一次出现字符串"ab"时的位置。

28．B

【解析】表达式 x = ("DOG"="dog")是赋值语句，它将赋值符号右边的关系表达式("DOG"="dog")的计算结果赋值给布尔类型变量 x。由于大写字母的 ASCII 码的值小于小写字母的 ASCII 码的值，因此字符 D 的 ASCII 码值<字符 d 的 ASCII 码值。故关系表达式"DOG"="dog"的值为 False。

二、填空题

1．0

2．False

3．246

【解析】False 转换为 0 进行计算。

4．"VisualBasic"

【解析】本题的加号两边的操作数均为字符串，故执行字符连接运算。

5．222

6．((x-3)/(2*y-x))^(1/3)

7．468.5

8．Chr(Int(97+6*Rnd( )))

【解析】产生"a"～"f"范围内的一个小写字母，并转换为大写字母，写出对应的表达式。

现得到字符"a"～"f"对应的 ASCII 值的范围为 97～（97+6-1），故要生成的 ASCII 码的范围为[97，97+6-1]内的整数，进一步推导过程如下：[97，97+6-1]↔[97，97+6)↔97+[0，6)↔97+6*[0，1)。故要生成的 ASCII 码的范围为[97，97+6-1]内的整数，使用：Int(97+6*Rnd( ))。

要生成"a"～"f"范围内的小写字符，故使用 Chr 函数，为 Chr(Int(97+6*Rnd( )))。

要转换为大写字母，使用 Ucase 函数，故为 Ucase(Chr(Int(97+6*Rnd( ))))。

9．a Mod 5=0 And a Mod 7=0

10．x>=8 And x<30

11．x>=0 And x<100

12．-6

【解析】Fix 函数的功能是截取整数部分，故 Fix(-3.2)的值为-3；Int 函数的功能是向下取整，故 Int(-2.4)的值为-3。

13．1

14．6

【解析】先执行内部的 Lcase("abcDEF")，结果为字符串"abcdef"，再执行 Len 函数求字符串的长度。

第 6 章　数据的处理

一、单选题

1．C

【解析】赋值语句的赋值符号"="的左边必须是变量或者控件的属性（如 Label1.Text）。

2．A

【解析】C 选项 x=y=z=1 是一条赋值语句，等价于 x= (y=z=1)。

这里，第一个等号是赋值符号。表示该赋值符号是给变量 x 进行赋值。它的值是赋值符号右边的条件表达式 y=z=1 的结果。条件表达式里的两个等号均为关系比较符，从左到右依次进行比较。详细解释可参看 6.2 常见错误与重难点分析的第 4 点。

3．D

【解析】a *= b+10 等价于 a = a* (b+10)=12*(20+10)=360。

4．B

【解析】intA+=intB*2 等价于 intA= intA+(intB*2)。

5．B

【解析】sglA/=sglB+30 等价于 sglA=sglA/(sglB+30)，注意变量 sglA 的数据类型为单精度型。

6．A

7．C

8．B

【解析】

1）Rnd( )函数生成的值为[0，1)之间，因此，int(Rnd( ))的值为 0，故 x=int(Rnd( ))+3 语句执行后 x 的值为 3。

2）三个 If 语句均为独立的 If 语句，执行时顺次执行。

执行 If x^2>8 Then y=x^2+1 之后，y 的值为 10。

执行 If x^2=9 Then y=x^2-2 之后，y 的值变为 7。

执行 If x^2<8 Then y=x^3 之后，由于 x^2 的值为 9，表达式 x^2<8 的值为 False，故不执行 Then 后面给 y 赋值的语句 y=x^3。

因此 y 的值为 7。

9．B

【解析】表达式 a<b 的值为 True，故表达式 IIf(a<b,c,d)的值为 IIf 函数第二个参数的值。

10．A

【解析】表达式 intX <= intY 的值为 False，故表达式 IIf(intX <= intY, intX * 2, intY - 50) 的值为 IIf 函数第三个参数 intY-50 的值。

11．D

【解析】

1）选项 A 的四条 If 语句是各自独立的，需要顺次执行。例如，x 的值为-4，则表达式 x<0，x<1 和 x<2 的值均为 True，按照顺次执行的原则，前三条 If 语句的条件表达式均为 True，Then 后面的对 y 赋值的语句都会执行。故 y 的值依次变为 0、1、2。最后执行第四条 If 语句，由于表达式 x>=2 的结果为 False，故不执行 Then 后面的 y=3 的赋值语句。故当 x 值为-4 时，最终 y 的值为 2。

根据上述分析可知，选项 A 不符合题意。

2）选项 B 与 A 类似。四条 If 语句独立，顺次执行。假设 x 的值为 5，四个 If 语句顺次执行后，y 的值依次变化为 5、3、1。语句段执行完毕后 y 的值为 1。故选项 B 不符合题意。

3）选项 C 和选项 D 均为 If 多分支条件结构。If 多分支条件结构中，只要某个条件表达式结果为 True，执行之后的 Then 语句后，就立刻跳出分支结构，不再执行后面的分支 ElseIf 及 Else 语句。

12．C

【解析】此题是 If 分支语句的嵌套结构。

13．A

【解析】Rnd( )函数生成的值为[0，1)之间，因此，int(Rnd( ))的值为0，故 x=Int(Rnd( ))+5 语句执行后 x 的值为 5。

14．D

【解析】此题中的 n 值用于计算循环体执行的次数，可使用如下公式进行计算：

$$循环次数=int\left(\frac{终值-初值}{步长}\right)+1=int((20-3)/4)+1=5$$

步长>0 时，循环控制变量的值>终止值时，循环才能结束。此题中，显然，i>20 时，循环才能结束。循环结束时，循环控制变量的值使用如下公式进行计算：

循环结束后循环控制变量的值=循环控制变量初始值+循环次数×步长=3+5×4=23

15．A

【解析】本题考查的累乘求积，因此存放结果的累乘变量的初值 t 需为 1。

16．C

【解析】本题中，循环控制变量的值在循环体中被语句改变了。这里的循环语句等价于：

```
For I=1 To 5 Step 1+2
Next I
```

故可以理解为每执行一次循环体后，步长都增加 3。循环控制变量 I 的值小于等于 5 时，才能执行循环体。故 I 的值依次变化为 1，1+3=4，4+3=7，此时 7>5，故循环结束，跳出循环体，执行语句 MsgBox(I)。

17．A

【解析】本题中，If 语句说明，i 的值为 30 时，就跳出 For 循环体。

18．B

【解析】此题考查双重循环控制行列显示。外循环控制变量是 i，内循环控制变量是 j。本题使用内循环控制每行显示的*号的个数。

i=3 时，j 的值从 1 增长至 2*3-1=5，也就是说，第一行显示 5 个星号。

i=2 时，j 的值从 1 增长至 2*2-1=3，也就是说，第一行显示 3 个星号。

i=1 时，j 的值从 1 增长至 2*1-1=1，也就是说，第一行显示 1 个星号。

使用外循环控制每行第一个星号之前的空格数（使用了 space 函数），以及每行星号结束后进行换行处理。

i=3 时，5-i=5-3=2，也就是说，第一行显示第一个星号之前显示 2 个空格。

i=2 时，5-i=5-2=3，也就是说，第一行显示第一个星号之前显示 3 个空格。

i=1 时，5-i=5-1=4，也就是说，第一行显示第一个星号之前显示 4 个空格。

故正确的显示结果为选项 B。

19．D

【解析】

选项 A：MsgBox 语句位于内循环。

i=1 时，j 为 1，n 值为 1*1=1。

i=2 时，j 分别为 1、2 时，n 值分别为 1*1=1，1*2=2。

i=3 时，j 分别为 1、2、3 时，n 值分别为 1*1=1，1*2=2，2*3=6。

i=4 时，j 分别为 1、2、3、4 时，n 值分别为 1*1=1，1*2=2，2*3=6，6*4=24。

选项 B：MsgBox 语句位于外循环，执行的次数为外循环执行的次数为 4 次。MsgBox 对话框弹出四次的内容分别为 1、2、3、4。

选项 C：MsgBox 语句位于内循环，因此执行的次数为外循环次数×内循环次数=4×4=16 次。弹出的内容的计算方式分别为

i=1 时，j 为 1、2、3、4 时，n 值分别为 1*1=1，1*2=2，2*3=6，6*4=24。

i=2 时，j 为 1、2、3、4 时，n 值分别为 24*1=24，24*2=48，48*3=144，144*4=576。

i=3 时，j 为 1、2、3、4 时，n 值分别为 576*1=576，576*2=1152，1152*3=3456，3456*4=13824。

i=4 时，j 为 1、2、3、4 时，n 值分别为 13824*1=13824，13824*2=27648，27648*3=82944，82944*4=331776。

选项 D：只有一层循环语句，MsgBox 语句位于循环体，执行的次数为循环执行的次数：4 次。弹出的内容的计算方式分别如下：

j=1 时，n=1*1=1；j=2 时，n=2*1=2；j=3 时，n=2*3=6；j=4 时，n=6*4=24。

20．C

【解析】本题中，变量 k 计算的是外循环的次数 5；变量 n 计算的是每当 i 为某个固定值时，内循环的次数 2；变量 m 是外循环×内循环的次数=5×2=10。

21．C

22．C

【解析】

选项 A：i 初始值为 5，每次执行循环体后，i 的值加 1。循环终止条件为 i<0，i 的值永远不可能达到该条件，故为死循环。

选项 B：i 初始值为 1，每次执行循环体后，i 的值加 2，故 i 值逐次变化为 1、3、5、7、9、11……循环终止条件为 i=10，i 的值永远不可能达到该条件，故为死循环。

选项 C：i 初始值为 10，第一次执行循环体后，i 的值加 1，为 11。循环终止条件为 i>0，此时符合循环终止条件，循环语句执行结束，跳出循环体。

选项 D：i 初始值为 6，每次执行循环体后，i 的值减 2，故 i 值逐次变化为 6、4、2、0、−2……循环终止条件为 i=1，i 的值永远不可能达到该条件，故为死循环。

二、填空题

1．MsgBox

2．BBB

3．7

【解析】本题与单选题第 7 题类似，可参看相关解析过程。

4．30

【解析】A 初值为 200，故条件表达式 A<=100 的值为 False，执行 If 分支语句的 Else 子句。A=A/10=200/10=20，此时条件表达式 A=10 的值为 False，执行此 If 分支语句的 Else 子句，A=A+10=20+10=30。最后执行 MsgBox 语句，函数 str(A)将整数 30 转换成字符串"30"（注意：30 前有一个空格）。

5．33 或 34

【解析】使用公式计算时，循环次数=int((终值−初值)/步长)+1，由于其中使用了 Int 函

数，因此，本题 33 和 34 都是正确答案。

6. 8

【解析】循环执行时各个变量变化值如下：

X=5。

I=1 时，X=X+I\5=5+1\5=5。

I=3 时，X=X+I\5=5+3\5=5。

I=5 时，X=X+I\5=5+5\5=6。

I=7 时，X=X+I\5=6+7\5=7。

I=9 时，X=X+I\5=7+9\5=8。

I=11 时，11>循环终止值 10，故循环结束，跳出循环。

7. 10

【解析】双重循环执行过程如下：

i=1 时，内循环 For j=2 To 1 不满足循环执行条件，不执行内循环体。

i=2 时，内循环 For j=2 To 2，内循环执行 1 次，1 个星号。

i=3 时，内循环 For j=2 To 3，内循环执行 2 次，2 个星号。

i=4 时，内循环 For j=2 To 4，内循环执行 3 次，3 个星号。

i=5 时，内循环 For j=2 To 5，内循环执行 4 次，4 个星号。

总共有 1+2+3+4=10 个星号。

8. 3

【解析】循环体内的循环语句仅 1 条：num=num+1。循环执行过程如下：

num 初值为 0

第一次执行循环语句后，num=num+1=0+1=1，此时 1<=2 值为 True，继续执行循环体。

第二次执行循环语句后，num=num+1=1+1=2，此时 2<=2 值为 True，继续执行循环体。

第一次执行循环语句后，num=num+1=2+1=3，此时 3<=2 值为 False，跳出语句。

9. 6

【解析】循环体内有两条语句：m=m+3 和 s=s+m，先执行循环体，后检测是否满足继续执行的循环条件。

循环执行过程中各个变量变化值如下：m=1，s=2。

第一次执行循环语句后，m=1+3=4，s=2+4=6，然后检查循环终止条件：Until m=4 成立，循环终止，显示的内容为整型 6 转换为字符串“6”。

10. 1*1=1 2*3=6

【解析】循环执行过程如下：

A=1，B=1。

第一次执行 Do Until A>=5…Loop 语句：检测循环终止条件 A>=5，不满足，执行循环体 x=A*B=1，显示字符串 1*1=1。A=A+B=1+1=2，B=B+A=1+2=3。

第二次执行 Do Until A>=5…Loop 语句：检测循环终止条件 A>=5，A 此时为 2，2>=5，结果为 False，执行循环体 x=A *B=2*3=6，显示字符串 2*3=6，A=A+B=2+3=5，B=B+A=3+5=8。

第三次执行 Do Until A>=5…Loop 语句：检测循环终止条件 A>=5，A 此时为 5，5>=5，结果为 True，跳出循环体。

11.【1】i Mod 5 = 2

【解析】条件表达式，用于判断"i 被 5 整除余 2"是否成立。

【2】s & " " & i 或 s & str(i)

【解析】用于将空格和当前符合条件的 i 连接在字符串 s 已有值之后。

【3】counter Mod 3 = 0

【解析】count 用于记录当前已有的符合条件的整数个数。条件表达式 counter Mod 3 = 0 用于判断 count 的值是否是 3 的倍数。

12.【1】True

【解析】给 flag 赋值为 True 可以理解为用于标示该数是素数。

【2】n－1 或 math.sqrt(n) 或 int(math.sqrt(n)) 或 fix(math.sqrt(n))

【解析】素数也称为"质数"，指在一个大于 1 的自然数中，除了 1 和该整数自身外，不能被其他自然数整除的数。对于某个数 n，需要验证 i=2，3，…，直至 i=n-1 时，n 均不能被 i 整除，它才是素数，否则 n 就不是素数。

数学上进一步证明了，如果 n 不能被 2 到 Sqrt(n)中的任一个数整除，则 n 就是素数。

13.【1】r=0 或 r<=0

【解析】余数为 0 时，停止循环语句。

【2】r = m Mod n

第 7 章 数 组

一、单选题

1．B

【解析】在声明变量或者数组时，如省略数据类型，则默认为 Object（对象型）。

2．C

【解析】一维数组大小的计算公式是上界+1。

3．A

【解析】数值型变量的隐式初值为 0，所以 intNum 的值为 0，根据一维数组大小的计算公式是上界+1，正确答案是 A。

4．B

【解析】循环结束后，a(2)等于 6，a(a(2))相当于 a(6)。

5．B

6．C

【解析】在给数组显式赋初值时，不能给出数组的大小，而是由括在{}中初值的个数决定。

7．C

【解析】循环结束后，循环变量的值=步长*循环次数+初值，故 i 等于 3。

8．D

9．A

【解析】VB 采用 Unicode 字符编码，英文字符和汉字字符同等对待，x(2)的长度为 5，而 x.Length、x.Rank 的值分别为 4 和 1，所以输出的是 x(0)。

10．D

【解析】该程序的作用是求最大值，并记录最大值所在位置。

11．D

12．D

【解析】ReDim 语句可以更改任意维数的数组的大小，是一条可执行语句，只能放在过程内。

13．A

【解析】在声明数组时，界限可以使用常量、变量和表达式，只要求能计算出一个确切的整数值即可，数组名的前缀并不代表实际上的数据类型，只是有利于程序的阅读。

14．D

【解析】Split 函数的返回值是一个字符串型的数组，i 是整型变量，a(i) + i 是做算术运算，而&的意义是字符串的连接运算，需把数值量由系统隐式转换成字符量（对于正数的隐式转换不包括前导符空格）。

15．D

【解析】根据 ReDim 的语法，需要给出一维数组的上界（不是一维数组的大小），更改大小时，如需保留旧数据，要加 Preserve。

16．A

【解析】Array.ReSize 方法只能更改一维数组的大小，且自动保留老数据。根据语法，需要给出一维数组的大小（不是界限）。

17．A

18．D

【解析】根据题意，intArray.Length 为 6，根据 ReDim 的语法，应该给出上界，下界默认 0，故一次执行将增加一个元素。

19．A

20．C

二、程序填空

1．ReDim Preserve intArray(intArray.Length)

2．intA.Length + intB.Length – 1

3．intTemp = intNum(i) : intNum(i) = intNum(k) : intNum(k) = intTemp

4．intNum(j) Mod intNum(i) = 0

5．Not blnDoor(j)

第 8 章 过 程

一、单选题

1. C

【解析】本题中答案 A，因为是 Sub 过程，没有返回至故不需 As Integer；答案 B 中参数名和过程名相同；答案 D 中不能用数组元素作形参。

2. C

【解析】本题中因为要通过参数带回两个结果，故两个参数都必须用传址参数，即 ByRef 参数。

3. D

【解析】因为要求过程结束后其局部变量不消失且保持其值不变，故需要用 Static 修饰变量。

4. B

【解析】答案 A 是传值的，单向的，不会影响主调过程的实参；而答案 C 和 D 为实参和形参结合的顺序，跟影不影响实参无关。

5. D

6. D

7. C

8. A

9. D

10. D

11. B

12. C

二、读程序写结果

1. 5

【解析】本题是考局部变量的生存期的题目，在过程 p 中改变了参数 a 的值，但 a 为 ByVal 的，不影响主调过程中的实参 x，故在主调过程 pp 中的 x 没有任何改变，总是 1。

2. 20

【解析】本题是考局部变量的生存期的题目，在过程 p 中改变了参数 a 的值，因为 a 为 ByRef 的，对 a 的改变影响到主调过程中的实参 x，故在主调过程 pp 中的 x 的值不断在改变。

3. 3

4. 123

5. 10

6. 55

三、填空题

1.【1】True,【2】False,【3】isPrime(n)

【解析】过程 isPrime 是判断参数 m 是否为素数的过程,在判断以前先假设 m 是素数,故【1】处赋值为 True,在循环中 m 反复除 k,当除尽时表示 m 不是素数,此时【2】处的 tag 置为 False,在过程 pp 中,反复给数让 isPrime 过程判断,故【3】处应为 isPrime(n)。

2.【1】a * x * x,【2】b * n * (n−1),【3】tag * (−1)

3.【1】x,【2】p*x,【3】s+pow(n)

【解析】过程 pow 是求 xx 的过程,故【1】处为 x,【2】处为 p*x 累乘,【3】处为累加,故为 s+pow(n)。

4.【1】2 * x ^ 3 − 4 * x ^ 2 + 3 * x − 6,　【2】6 * x ^ 2 − 8 * x + 3,

【3】x − f(x) / f1(x),　【4】x1,　【5】nt(x0)

第 9 章　用户界面设计

一、单选题

1. A

【解析】当一个单选按钮处于选中状态时,单击此按钮并不会触发它的 CheckedChanged 事件。

2. A

3. D

【解析】Items 属性是列表框存放各个项目的数组。

4. C

【解析】Items.Count 属性记录了列表框的项目数。

5. A

【解析】Items 是用于保存选项的字符串数组。

6. D

【解析】列表框的最后一个项目的下标为 Items.Count − 1。

7. A

【解析】Items.add 方法将数据项插入到列表框的末尾,因此 Items.add 没有插入位置参数。

8. B

【解析】清除列表框中的所有内容的方法为 Items.Clear。

9. D

10. D

11. D

【解析】第 3 个项目的下标为 2。

12. C

13. B

14. C

15. B

16. B

【解析】Value 属性表示滚动条或进度条当前的位置值。

17. C

18. D

19. B

【解析】计时器的 Interval 属性值以 ms 为单位。

20. A

【解析】只有 Enabled 属性值为 True，且 Interval 属性值不为 0，才会触发计时器的 Tick 事件。

21. D

【解析】计时器不出现在窗体中，不具有焦点。

22. D

23. D

24. A

25. C

26. B

二、填空题

1. False

2. 【1】i + 1，　　【2】ListBox1.Items.RemoveAt(j)

3. DropDownList

4. 2

5. SmallChange

6. LargeChange

7. Scroll

8. Value

9. PictureBox1.Image = Image.FromFile("C:\sample\flower.jpg ")

10. Image

11. CenterImage

12. ImageList

13. ImageList1.Images.Add(Image.FromFile("C:\sample\car.jpg"))

14. ms

第10章　VB.NET 绘图

一、选择题

1. A
2. B
3. C
4. D
5. B

二、判断题

1. ×
2. ×
3. ×
4. ×
5. √
6. ×
7. ×
8. √

第11章　文　　件

一、单选题

1. C

【解析】文本文件采用字符编码格式，可在文本文件编辑器（如记事本）中打开，查看文件内容，而二进制文件中的数据依据数据类型的不同，各自具有特定的编码格式，一般必须使用特定的方法查看内容，如图像类文件、声音类文件均有各自特殊的查看方式。

2. C

【解析】在 VB.NET 中，只有3种文件处理方法：使用 VB.NET Runtime 库 FileSystem 模块中的有关成员（只支持 VB）、使用.Net FrameWork 中的 System.IO 模型（该模型支持所有.NET 语言）、VB.NET FileIO 模型（只支持 VB.NET）。

3. D

【解析】顺序文件的特点是指在处理文件中的数据时：

1）如果是读操作，则从文件头开始。

2）如果是写操作（如果有此操作的话），则覆盖文件原有数据从头开始。

3）如果是追加操作，则从文件尾开始。

由顺序文件的读操作的特性可看出，顺序文件中的数据必须按照其宽度一次存放在文件中，这也是顺序文件结构简单的理由。由写操作的特性可看出，顺序文件的维护困难。

4．B

5．D

6．C

7．B

二、填空题

1．FileIO.FileSystem.CurrentDirectory

【解析】本属性的类型为 String。通过它即可获取当前目录，也可设置当前目录。

2．MyReader.EndOfData

【解析】本属性只读，类型为 Boolean。其值为 True 表示当前光标位置与文件尾之间没有有效数据（空白数据、注释行不算有效数据）。

3．FileIO.FileSystem.GetDirectories(
    "C:\",
    FileIO.SearchOption.SearchTopLevelOnly
)

【解析】

1）FileIO.FileSystem.GetDirectories 方法的结果是一个集合类型，可使用 For Each 循环语句遍历集合中每一个元素（元素的类型是 String）。

2）FileIO.SearchOption.SearchTopLevelOnly 的意义是不搜索子目录，即只搜索一级子目录的名称。

3）搜索到的一级子目录名是全路径名。

4．FileIO.FileSystem.GetFiles(
    FileIO.FileSystem.CurrentDirectory,
    FileIO.SearchOption.SearchTopLevelOnly,
    "*.txt"
)

5．【1】"C:\T1.txt"

【2】System.Text.Encoding.Default

【解析】System.Text.Encoding.Default 的意义就是本机系统所用的字符编码格式。

6．【1】"C:\T1.txt"

【2】System.Text.Encoding.UTF8

7．【1】 FileIO.FieldType.FixedWidth

【解析】FileIO.FieldType.FixedWidth 是一个枚举值，代表固定宽度结构。

【2】{13, 8, 4, -1}

【解析】

1）文本分析器的 FieldWidths 属性的类型为 Integer()。一般将最末一个字段的宽度设为−1。

2）也可用文本分析器的 SetFieldWidths 方法设置个字段的宽度：

MyReader.SetFieldWidths(13, 8, 4, −1)

8.【1】FileIO.FieldType.Delimiters

【解析】FilcIO.FicldTypc.Dclimitcrs 是一个枚举值，代表符号分隔结构。

【2】{","}

【解析】

1）文本分析器的 Delimiters 属性的类型为 String( )。

2）也可用文本分析器的 SetFieldWidths 方法设置个字段的宽度：

MyReader.SetDelimiters(",")

9．True

10．{"'", "\\"}

【解析】

1）文本分析器的 CommentTokens 属性的类型为 String( )。

2）文本文件的注释行一定是单独的一行，其注释标记一定位于行首。

3）注视标记的数量可以有多个。

参 考 文 献

龚沛曾. 2010. Visual Basic.NET 实验指导与测试. 2 版. 北京：高等教育出版社.

兰顺碧. 2012. Visual Basic.NET 程序设计教程. 北京：人民邮电出版社.

沈建蓉，夏耘. 2010. 大学 VB.NET 程序设计实践教程. 3 版. 上海：复旦大学出版社.